"十四五"国家重点出版物出版规划项目

"人工智能+"核心理论与关键技术丛书

张志伟 ◎著

RISC-V架构 DSP处理器设计

DESIGN OF RISC-V ARCHITECTURE
DSP PROCESSOR

机械工业出版社
CHINA MACHINE PRESS

本书系统介绍了 DSP 处理器的关键技术和设计方法，并以作者团队自研的 SpringCore DSP 内核为实例，全面描述了 DSP 处理器设计的工程实践以及技术选择的过程。主要内容包括数字信号处理器简介、RISC-V 架构介绍、DSP 处理器体系结构设计、流水线设计、访存结构设计、运算部件设计、异常和中断机制介绍、调试单元设计、软件开发环境介绍等。读者通过学习本书，可以了解 DSP 处理器的主要特征和设计方法，深刻体会到基于开源 RISC-V 架构开展处理器设计的优势。

本书适合作为高校计算机、电子工程、自动化等专业 DSP 处理器相关课程的教材，也适合作为工程技术人员的参考书。

图书在版编目（CIP）数据

RISC-V 架构 DSP 处理器设计 / 张志伟著. -- 北京：机械工业出版社，2024.9. --（"人工智能 +" 核心理论与关键技术丛书）. -- ISBN 978-7-111-76417-5

I. TN911.72；TP332

中国国家版本馆 CIP 数据核字第 2024Y7W497 号

机械工业出版社（北京市百万庄大街 22 号　邮政编码 100037）
策划编辑：朱　劼　　　　　　　责任编辑：朱　劼
责任校对：肖　琳　陈　越　　　责任印制：任维东
河北宝昌佳彩印刷有限公司印刷
2025 年 6 月第 1 版第 1 次印刷
186mm×240mm・13 印张・1 插页・234 千字
标准书号：ISBN 978-7-111-76417-5
定价：89.00 元

电话服务　　　　　　　　　网络服务
客服电话：010-88361066　　机　工　官　网：www.cmpbook.com
　　　　　010-88379833　　机　工　官　博：weibo.com/cmp1952
　　　　　010-68326294　　金　书　网：www.golden-book.com
封底无防伪标均为盗版　机工教育服务网：www.cmpedu.com

序 一

PREFACE ONE

DSP 是信号处理系统的核心芯片,其高效支持 FFT、FIR 等数字信号处理操作,广泛应用于工业控制、新能源、航空航天和汽车电子等领域。自 1978 年世界第一颗 DSP 问世至今,DSP 已有四十多年的发展历史,芯片规模不断增大,计算能力不断增强,在信息时代科技浪潮中发挥了重要的作用。中国在 2000 年左右开始国产 DSP 的研究,经过 20 多年的发展,在 DSP 关键技术攻关和人才培养等方面取得长足进步,具备了从跟踪替代到自主创新的能力,涌现了一批国产 DSP 产品,并在许多领域取得成功应用。

DSP 主要为嵌入式应用,对生态兼容性要求不高,这与 CPU 有明显的差异,给自主定义指令集和体系结构带来很大的自由度,也相对容易避开国外厂商的垄断。但是作为处理器家族的一员,DSP 结构复杂、设计难度大,同时还需要配套完整的工具链,因此对于小的科研团队和初创企业而言,开发一款 DSP 芯片仍然是一项艰巨的任务。

RISC-V 是一个开源开发的架构,已具备了良好的生态,除了定义了基础指令集和各类标准,其软件工具链也已相对完善。RISC-V 推动了敏捷开发,按照传统的处理器开发模式,设计团队需要自行完成指令集定义、RTL 设计、物理设计和工具链开发等工作,整个团队动辄需要数十人甚至上百人。而基于 RISC-V 架构和生态,二十人以下的团队就可以完成一款处理器产品的开发,这大大推动了创新。

张志伟是我的学生,其 2003 年到中科院自动化所读书,之后留所工作,至今 20 余年一直专注于 DSP 芯片的体系架构和高性能实现技术研究,是多个国家级重大专项的负责人,成功推动了多款 DSP 芯片的研发,在 DSP 领域具有深厚的学术造诣和丰富的实践经验。我非常高兴看到张志伟将他在 RISC-V 架构 DSP 芯片的研究心得体会汇集成书,分享给大家，相信读者一定会有所收获。

  DSP 的发展路线和存在的形态都在不断发生变化，既有作为独立芯片用于工业控制等场景，也有作为 IP 集成到手机 SoC 芯片中，完成图像处理、基带处理和 AI 计算等功能。信号处理无处不在，相信随着信息技术的蓬勃发展，DSP 将更多融入到我们的生产生活，让世界更加美好。祝愿本书能够让更多读者了解 DSP 处理器设计，体会 RISC-V 对推动处理器敏捷开发的重要作用。

王东琳

原中国科学院自动化研究所所长、研究员、博导

上海思朗科技有限公司创始人、首席科学家

2024 年 8 月 28 日

PREFACE TWO

序 二

过去半个世纪，曾经出现过 x86、ARM、MIPS、ALPHA、SPARC、IA64 等数十种指令集，但都属于公司私有。大部分私有指令集已经随着公司萧条或倒闭而消失，如今全世界仅剩下 x86 和 ARM 两种主流指令集，分别被 Intel 和 ARM 两家公司高度垄断。

当一个产业发展到高度垄断阶段后，市场上必然会产生打破垄断的强烈诉求，这是产业发展的内在规律。那么，用什么方式来打破垄断？一种是沿用垄断巨头的发展路径，但通过创造一些新优势来打破垄断。还有一种有效的方式就是创建一条新赛道，通过发展新技术和创新商业模式来形成一个新兴市场，逐渐淘汰旧市场，从而打破垄断。新能源汽车是一个典型的例子，在过去 100 多年的燃油车时代，中国汽车工业努力了半个多世纪，也始终无法打破传统汽车巨头的垄断格局。但在新能源汽车这个新赛道上，中国汽车工业仅用十几年时间便实现了"换道超车"，步入世界领先行列。

RISC-V 及其掀起的开源芯片浪潮，便是处理器芯片领域的新赛道。很多人从指令集自身角度来看 RISC-V，指出它不完备、碎片化等问题，但忽视了 RISC-V 所蕴藏的真正威力——作为开放标准，它将推动一个基于开源的芯片技术新体系的构建，进而创造出一个开源芯片新世界。就如今天的软件产业已经是两个世界，一个闭源软件世界，一个开源软件世界。根据 Black Duck 针对 17 个行业 1700 多个软件的统计数据表明，96% 的商业软件中包含开源代码，而且开源代码的比例达到 76%。未来的芯片设计产业，也将会变成闭源和开源两个世界。RISC-V 用"指令集应该免费"这个理念，打开了开源芯片新世界的大门，从此这个新世界将进入不可逆转的、快速发展的进程。开源芯片新世界的诞生并不是要所有芯片设计都完全开源，而是未来会有越来越多的商业芯片中包含开源 IP，开源 IP 的比例会不断提高。通过这种方式来降低整个芯片设计产业的成本，提升企业的竞争力。

在这个进程中，RISC-V 是一种催化剂，它自身的演进固然重要，但已经不是决定性的了。如果未来 RISC-V 的演进跟不上这个新世界的发展速度，它也必须做出改变和调整，否则就会被另一种更适应新世界的开放指令集所替代或淘汰。事实上，RISC-V 自身就在不断演进。例如，几年前很多人认为 RISC-V 指令集不完备，只能用于嵌入式场景，但很快 RISC-V 国际基金会便形成了近 80 个工作组开展各种指令扩展工作。如今，RISC-V 的向量扩展指令已经发布，而各种安全扩展指令、加密指令、AI 加速指令等都在推进中。又如，有人批评 RISC-V 会导致碎片化，但事实上根据千变万化的场景需要允许用户自定义扩展指令，这正是解决场景需求碎片化的有效方式。这些扩展指令只要没有反馈到 RISC-V 国际基金会，那就不会影响到主流软件生态。RISC-V 真正的碎片化难题是近 80 种扩展指令模块的组合数量非常多，导致编译器、操作系统等系统软件无法应对这种爆炸式组合数量。对于这一点，RISC-V 国际基金会已经提出了配置（Profile）机制，每个配置是约定好的指令集模块组合，这样便大大减少了基础软件适配工作。这些都表明 RISC-V 自身正在快速演进。

新一轮芯片设计技术与产业变革浪潮已经到来，这将带来很多新机遇，甚至在未来 10～20 年形成产业重新洗牌。因此，RISC-V 被《麻省理工学院技术评论》选为 2023 年度十大突破性技术之一，理由是"芯片设计正在走向开放，灵活、开源的 RISC-V 有望成为改变一切的芯片设计"。

处理器芯片领域上一轮技术变革浪潮出现在 20 世纪七八十年代，那时也出现了一次指令集变革，从复杂指令集 CISC 向精简指令集 RISC 转变。超大规模集成电路（VLSI）的出现推动了芯片设计方法的变革——计算机辅助设计（CAD）和电子设计自动化（EDA）技术兴起。那个时代诞生了 ARM、MIPS、Synopsys、Cadence 等一批新兴企业，许多成为今天的国际领军企业。对于 RISC-V 掀起的这一轮变革浪潮，各界都在积极参与，做出重要的贡献，发挥重要的作用。相信中国芯片产业会像汽车产业那样实现"换道超车"，把握机遇，在这个新赛道上形成技术优势、产品优势和市场优势。

很多人仅将 RISC-V 视为替代 ARM 的"Another ISA"（另一个指令集），这其实并未充分发挥 RISC-V 允许灵活定制和扩展的优势——针对特定应用场景，任何单位与个人都可以基于 RISC-V 开发专用芯片，比如中科蓝讯基于 RISC-V 定制开发的蓝牙耳机芯片每年出货量超过 8 亿颗。通过与中科蓝讯的技术专家交流，得知他们针对蓝牙耳机这个特定应用场景对 RISC-V 处理器核进行了从流水线到缓存等一系列的定制与优化。这些优化技术当然是企业的商业秘密，不便于公开。幸运的是张志伟老师撰写的《RISC-V DSP 处理器设计》一书详细讲解了如何基于 RISC-V 定制与优化一款数字信号处理器（DSP），异曲同工，相信读者能从这本书中找到充分发挥 RISC-V 优势的捷径。

包云岗

中国科学院计算技术研究所副所长、研究员

北京开源芯片研究院首席科学家

2024 年 9 月 17 日

PREFACE

前　　言

　　DSP是数字信号处理器（Digital Signal Processor）的简称，它是一种专门为数字信号处理应用而优化设计的微处理器，因其灵活的可编程性、强实时性的处理能力，以及优异的计算效能等特点，广泛应用在工业控制、新能源、无线通信、电动汽车、轨道交通和智能家电领域，是信息产业的核心处理器。

　　DSP已经有四十多年的发展历史，其技术一直在不断进步，主频、峰值处理能力和存储容量等指标不断提升。美国TI公司是这个领域的领军企业，它引领着DSP技术的发展，面向不同的细分领域推出几大类产品（如C6000、C5000和C2000等），并凭借优异的性能，获得了巨大成功，在国际上占据了DSP的绝大部分市场份额。我国DSP主要依赖进口，国产化率非常低，迫切需要保障自主可控，这带给我们严峻的挑战，同时也给国产DSP产业发展带来前所未有的机遇。

　　DSP结构复杂，设计难度大。研制DSP是一个大工程问题，其难点不在于某个单点技术的突破或者创新，而在于如何把众多技术融合起来，保证功能全部正确、各类指标满足目标应用的需求，涉及应用研究、算法研究、芯片设计、软件设计和系统设计等多个方面，需要大量的资源和时间投入，以及应用领域的支持。由于国外DSP发展较早，提前完成了专利布局，对后来者进入该领域设置了巨大的障碍。

　　RISC-V诞生十余年来，凭借开源、简洁、模块化和可扩展等诸多技术优势迅速发展，引起工业界和学术界的高度关注，被认为有望改变世界芯片格局。当前，RISC-V已经初步建立了良好的产业生态，在芯片设计、工具链开发等方面均具有优秀的开源项目，通过借鉴这些开源项目，可大幅降低处理器设计的技术门槛，提高处理器的开发效率。

更重要的是，RISC-V 是开源开放的，基于 RISC-V 架构开发处理器产品，可以避开知识产权的壁垒。

虽然 RISC-V 有以上诸多优势，但本团队在选择它作为 DSP 发展路线的时候还是经过了再三思考和权衡。这是因为 RISC-V 本质上是一种 CPU 架构，与 DSP 架构存在很大的不同，很难像 DSP 那样极致地适配数字信号处理应用。以 TI 的 C2000 处理器为例，相比 RISC 架构，它采用了 CISC 架构，在代码密度、访存效率、计算并行性等方面存在较大的优势，当然由于编码复杂，导致译码电路复杂，从而在主频和功耗等方面存在一定劣势。有两条技术路线摆在我们面前，一条是借鉴 TI 的 C2000 DSP 架构，自主定义指令集，独立完成全部的芯片设计和软件开发，这条路线所研发的 DSP 肯定是最优的，但由此带来的设计挑战和工作量也非常巨大；另外一条路线就是采用 RISC-V 架构，积极采用其开源技术成果，通过扩展 DSP 指令和优化微结构，提升 DSP 的处理性能，以较低的人力和资源投入，在较短的时间内推出 DSP 产品。充分考虑技术发展趋势、研发投入等诸多因素，以及对 RISC-V 发展前景的信心后，我们最终选择了基于 RISC-V 架构开发 DSP 芯片，结果表明，通过充分的指令集和微结构优化设计，基于 RISC-V 架构的 DSP 可以媲美甚至超越国际同类产品。

正如前面提到的，研发 DSP 是一个大工程问题，一款 DSP 产品是否优异，也不能单凭主频、峰值计算能力或者内部存储容量来衡量，最核心的是需要考量其实时信号链性能、常用数字信号处理算法的处理能力以及工具链的完善程度等多项因素。DSP 的设计技术除了大家熟知的流水线、计算部件和存储器设计之外，还包括中断电路、调试器、安全机制以及验证技术等，上述技术对于产品成功也至关重要。本书以 SpringCore RISC-V 架构 DSP 内核为例，从指令集定义、运算部件、存储结构、工具链开发等诸多环节，系统全面地介绍 RISC-V 架构 DSP 的设计过程，并分享了每个设计环节中的思考、原则和技术选择过程，以及如何充分利用开源成果进行敏捷开发。本书是基于 RISC-V 架构进行 DSP 设计工程技术实践的成果，其特点是产品导向，注重技术的可操作性和系统性，并进行了必要的创新，作者希望本书不仅对从事 DSP 芯片研发的工作者、科研人员有所帮助，对从事 RISC-V 架构其他类型处理器研发的人员也有参考价值。

本书的内容组织如下：
第 1 章为数字信号处理器简介，主要介绍 DSP 的发展历程、主要特征以及应用领域。

第 2 章为 RISC-V 架构，主要介绍 RISC-V 的发展历程、优势、指令集设计以及开源项目情况。

第 3 章为 SpringCore 体系结构，该章首先介绍了 SpringCore 的设计目标，进而对 SpringCore 指令集设计和体系结构设计进行了详细描述。

第 4 章介绍了 SpringCore 流水线设计，主要从流水线划分、取指单元、译码单元、相关处理、零开销循环和低功耗控制等方面进行了详细介绍。

第 5 章介绍了访存结构，详细介绍了 SpringCore 的存储结构划分 DSP 的存储属性与保护、访存模块设计和存储一致性等相关内容。

第 6 章围绕运算部件展开，分别描述了定点运算部件和浮点运算部件，对构成运算部件的加法器、布什-华莱士树乘法器和移位器等均进行了介绍，并详细介绍了浮点除法和开平方根等操作。

第 7 章介绍了异常和中断机制、涵盖了异常和中断的原理、处理器的中断异常处理机制以及 RISC-V 的中断异常规范等内容。

第 8 章为 SpringCore 调试单元设计，系统介绍了调试单元的结构，并详细介绍了调试处理机制，最后通过示例进一步详细描述了调试工作过程。

第 9 章全面介绍了软件开发环境，主要包括编译器、汇编器、反汇编器、链接器、模拟器、调试器和集成开发环境等。

第 10 章介绍了基于 SpringCore 的 DSP 芯片 FDM320RV335，系统介绍了该芯片的功能结构、引脚、地址映射、低功耗模式、原型板卡以及在典型信号处理算法上的性能表现等。

本书的编写得到中科院自动化所研究生王伟营、翟擎辰、向远洋、汪越越、徐琛，中科本原邢园园、张余超、高玉鑫、彭轶群、郭允、张钰、张志远、张智也等工程师，以及中科院自动化所肖偕舟副研究员、丁光新副研究员的大力帮助和支持，他们参与了相关章节的编写、制表绘图、文献整理、文档修订、审阅和校对等。本书基于 SpringCore 内核和 FDM320RV335 芯片展开，相关数据得到中科本原李阳、洪新红、高青雯、孙石兴、王新刚和薛晓军等相关研发负责人及工程师的支持。在此一并向他们表示衷心感谢。

由于作者水平有限，疏漏甚至谬误在所难免，敬请读者不吝赐教。

目 录

序一
序二
前言

第1章 数字信号处理器简介 …… 1
1.1 数字信号处理器的发展历程 …… 1
1.2 数字信号处理器的主要特征 …… 6
    1.2.1 指令集 …… 6
    1.2.2 存储结构 …… 7
    1.2.3 数据格式与算法 …… 7
    1.2.4 运算部件 …… 9
    1.2.5 寻址方式 …… 10
1.3 数字信号处理器的应用领域 …… 12
1.4 本章小结 …… 13

第2章 RISC-V架构 …… 14
2.1 RISC-V的发展历程 …… 14
2.2 RISC-V的优势 …… 15
    2.2.1 技术优势 …… 15
    2.2.2 生态优势 …… 16
    2.2.3 知识产权优势 …… 17

2.3 RISC-V的主要特征 …… 18
    2.3.1 模块化设计 …… 18
    2.3.2 基础整数指令集 …… 19
    2.3.3 M扩展 …… 23
    2.3.4 F扩展 …… 23
    2.3.5 C扩展 …… 25
    2.3.6 Zifencei扩展 …… 27
    2.3.7 Zicsr扩展 …… 28
    2.3.8 特权架构 …… 29
2.4 RISC-V开源项目 …… 31
    2.4.1 加州大学伯克利分校 …… 32
    2.4.2 PULP组织 …… 33
    2.4.3 OpenHW组织 …… 33
    2.4.4 lowRISC组织 …… 35
    2.4.5 平头哥 …… 36
    2.4.6 北京开源芯片研究院 …… 37
    2.4.7 印度理工学院马德拉斯分校 …… 37
2.5 本章小结 …… 38

第3章 SpringCore 体系结构 ... 39

3.1 设计目标 ... 39
3.2 数字信号处理算法 ... 40
3.3 指令集 ... 42
    3.3.1 支持的数据类型 ... 42
    3.3.2 结构寄存器 ... 43
    3.3.3 控制和状态寄存器 ... 43
    3.3.4 编码概括 ... 44
    3.3.5 指令扩展 ... 45
3.4 内核结构 ... 47
    3.4.1 取指单元 ... 48
    3.4.2 译码单元 ... 48
    3.4.3 控制单元 ... 48
    3.4.4 执行单元 ... 49
    3.4.5 访存单元 ... 50
    3.4.6 存储空间 ... 51
3.5 本章小结 ... 51

第4章 SpringCore 流水线设计 ... 52

4.1 流水线技术简介 ... 52
4.2 取指单元 ... 54
    4.2.1 取指单元结构 ... 55
    4.2.2 指令对齐 ... 55
4.3 译码单元 ... 56
    4.3.1 预译码 ... 57
    4.3.2 基础译码 ... 58
    4.3.3 异常检测 ... 59
    4.3.4 指令发射 ... 60

4.4 相关检测 ... 61
    4.4.1 数据相关 ... 61
    4.4.2 结构相关 ... 63
    4.4.3 控制相关 ... 66
4.5 流水线低功耗控制 ... 67
4.6 循环控制 ... 68
4.7 控制和状态寄存器 ... 70
4.8 本章小结 ... 71

第5章 访存结构 ... 72

5.1 存储结构 ... 72
5.2 存储属性与保护 ... 74
    5.2.1 物理存储属性 ... 75
    5.2.2 安全域 ... 76
    5.2.3 访存保护机制 ... 77
5.3 访存模块设计 ... 78
    5.3.1 访存功能 ... 78
    5.3.2 访存流水线 ... 81
5.4 存储一致性 ... 84
    5.4.1 存储一致性定义及意义 ... 84
    5.4.2 存储一致性模型 ... 84
    5.4.3 顺序同步指令及原子指令 ... 86
5.5 本章小结 ... 87

第6章 运算部件 ... 88

6.1 定点运算部件设计 ... 88
    6.1.1 定点运算部件的结构 ... 89
    6.1.2 超前进位加法器 ... 90

		6.1.3	布什-华莱士树
			乘法器 ················· 93
		6.1.4	乘累加部件 ············· 99
		6.1.5	移位器 ·················· 100
		6.1.6	基4 SRT 除法器 ········ 103
	6.2	浮点运算部件设计 ············ 105
		6.2.1	浮点数据格式 ··········· 105
		6.2.2	浮点控制和状态
			寄存器 ················· 108
		6.2.3	浮点运算部件的结构 ···· 109
		6.2.4	浮点乘加器 ············· 111
		6.2.5	浮点除法和开平方根
			部件 ···················· 116
	6.3	本章小结 ····················· 121

第7章 异常和中断机制 ············· 122

7.1	异常和中断介绍 ············· 122
7.2	中断处理机制 ················ 123
	7.2.1	中断类型 ··············· 124
	7.2.2	处理器中断控制器 ······ 125
	7.2.3	中断处理机制的流程 ···· 128
7.3	本章小结 ····················· 131

第8章 调试单元设计 ··············· 132

8.1	JTAG 简介 ··················· 132
	8.1.1	JTAG 背景 ·············· 132
	8.1.2	JTAG 接口 ·············· 133
	8.1.3	TAP 控制器 ············· 133
8.2	调试单元的结构 ············· 135
	8.2.1	调试单元总览 ··········· 135
	8.2.2	调试传输模块 ··········· 137

	8.2.3	调试模块 ··············· 138
	8.2.4	核内调试支持 ··········· 144
8.3	调试处理机制 ················ 145
	8.3.1	调试流程 ··············· 145
	8.3.2	复位控制与运行
		控制 ··················· 146
	8.3.3	抽象命令 ··············· 147
8.4	调试功能实现示例 ············ 149
	8.4.1	单步调试 ··············· 149
	8.4.2	访问连续存储区域 ······ 150
8.5	本章小结 ····················· 151

第9章 软件开发环境 ··············· 152

9.1	编译器 ······················· 152
	9.1.1	LLVM 的工作流程 ······ 153
	9.1.2	LLVM 后端的处理
		流程 ··················· 155
	9.1.3	有向无环图 ············· 158
	9.1.4	指令合法化 ············· 162
	9.1.5	调用下降 ··············· 163
9.2	汇编器和反汇编器 ············ 164
	9.2.1	工作过程 ··············· 164
	9.2.2	使用方法 ··············· 166
9.3	链接器 ······················· 166
	9.3.1	链接器的选择 ··········· 167
	9.3.2	链接器松弛 ············· 167
	9.3.3	栈的增长方向 ··········· 168
9.4	模拟器 ······················· 168
	9.4.1	模拟器软件架构 ········ 169
	9.4.2	模拟器定制开发 ········ 170

9.5 调试器 ……………………… 171
 9.5.1 调试器方案概述 ………… 171
 9.5.2 GDB 介绍 ……………… 172
 9.5.3 OpenOCD 介绍 ………… 172
9.6 集成开发环境 ………………… 173
 9.6.1 软件框架与插件开发 …… 174
 9.6.2 工程创建与管理 ………… 175
 9.6.3 工具链集成与配置 ……… 175
 9.6.4 调试方案 ………………… 176
9.7 本章小结 ……………………… 177

第10章 基于 SpringCore 的 DSP 芯片 …………………… 178
10.1 FDM320RV335 …………… 178
10.2 功能结构 …………………… 181
10.3 引脚说明 …………………… 183
10.4 地址映射 …………………… 184
10.5 低功耗模式 ………………… 187
10.6 原型板卡 …………………… 188
10.7 芯片性能 …………………… 189
10.8 本章小结 …………………… 191

参考文献 …………………………… 192

CHAPTER1

第1章

数字信号处理器简介

数字信号处理器（Digital Signal Processor，DSP）是一种专门针对数字信号处理应用而优化设计的微处理器芯片，主要完成信号变换、滤波和编解码等处理任务，具有计算性能高、功耗低、实时性强等优点，广泛应用于通信系统、音频图像处理、雷达、航空航天、工业控制和新能源等领域。DSP 的主要特征包括地址和数据分离的哈佛结构、零开销循环、专用乘累加运算部件和专用地址产生器等，其典型的系统如图 1-1 所示，外部模拟信号（如电流）经过模数转换器 ADC 转换为数字信号，DSP 对得到的数字信号进行处理、执行一系列算法，然后通过 PWM 外设控制周期电压，从而对整个系统产生效果。

感知电流 → ADC → 数字信号处理 → PWM → 控制周期电压

图 1-1 典型数字信号处理系统

1.1 数字信号处理器的发展历程

DSP 芯片诞生于 20 世纪 70 年代，在不断增长的数字信号处理需求的推动下，40 多年来，DSP 芯片不断演进，取得了多个关键技术的突破，性能逐步提高，涌现了众多优秀的DSP芯片产品，下面向读者介绍DSP芯片的发展历程以及各个发展阶段的代表性产品。

1978年，美国安迈信息科技公司（AMI）发布了S2811。S2811具有12位硬件乘法器、一个16位ALU和一个16位输出，它虽然没有硬件乘累加器，但是结合乘法器和ALU可单指令执行乘加运算。1979年，美国因特尔公司发布了2920，它具有一个9位片上ADC（8位加符号）和一个9位片上DAC，但没有集成硬件乘法器。1980年，日本电气公司（NEC）的μPD7720和美国电话电报公司（AT&T）的DSP1在ISSCC大会上首次亮相，μPD7720针对语音应用，内部包含一个16×16乘法器和两个16位累加器，4MHz主频，是早期最成功的DSP；AT&T将DSP1纳入其开创性的电话网络5ESS电子交换系统中。美国德州仪器公司（TI）于1982年在ISSCC大会推出TMS32010，该芯片基于哈佛结构，具有独立的指令存储和数据存储，主频可达5MHz。TMS32010具有32位ALU、16位移位器、16位并行有符号乘法器和32位累加器。基于以上特点，TMS32010实现了很多有代表性的指令，包括加载累加（load-and-accumulate）和乘累加（multiply-and-accumulate）指令等，其中乘累加操作需要两个时钟周期。

一段时间后，第二代DSP开始发展。比较具有代表性的DSP芯片有AT&T公司在1988年推出的DSP16A和美国摩托罗拉公司（Motorola）在1986年推出的Motorola 56000等。这个时代的DSP具有以下典型特征：超哈佛结构、硬件循环加速、硬件乘累加器和复杂寻址模式（如循环寻址）等。

1995年后出现了第三代DSP，其主要特点是在计算通路中增加了面向特定应用领域的功能单元和指令，这些功能单元和指令有时也以协处理器的形式出现，用于进行硬件算法加速，如傅里叶变换或矩阵运算等。该时期比较具有代表性的DSP芯片包括Motorola公司的MC68356和TI公司的TMS320C541、TMS 320C80等。

2000年以后出现了第四代DSP，在该时期，DSP的处理能力不断提升。高性能DSP普遍采用VLIW架构，并支持SIMD，片上存储容量也不断提升。该时期比较具有代表性的产品包括美国亚德诺半导体公司（ADI）的TigerSHARC101、TigerSHARC201和TI公司的TMS320C6455。TigerSHARC处理器每周期可执行4条指令，从而执行24个定点（16位）运算或6个浮点运算，TMS320C6455采用C64x内核，每周期可执行8个指令，每个乘法器支持2个16×16或者4个8×8操作的SIMD操作。

2010年以后，DSP面向不同的应用领域逐渐分化，主要分为高性能信号处理、实时控制、通信、音频处理等。在高性能信号处理方面，DSP的主频达到1GHz以上。除了单核处理能力不断提升，DSP还通过多核方式进一步提升性能。以TI公司的TMS320C6678为例，其内部集成8个DSP处理核，单核峰值计算能力达到20GFLOPS，全芯片峰值算力达到160GFLOPS；在实时控制方面，DSP与MCU不断融合。以TI的C28系列为例，其官网已将该类DSP划归到MCU产品类别，它的特点为单芯片内部集成ADC、PWM、TMU和CLA等功能单元，在实现高集成度的同时，提供足够的算力，以获得最佳的实时信号链处理性能。

当前，国际上最主要的DSP供应商为TI和ADI公司，相比而言，TI公司的DSP产品种类更多，市场份额更大。上述两家企业的主要DSP产品类别如表1-1和表1-2所示。

表1-1 TI的主要DSP产品

类别	特点	代表产品	应用领域
C6000	VLIW架构，支持SIMD和子字并行，通过多核进一步提供强大的信号处理能力	TMS320C6678，基于C66x内核，峰值性能可达160GFLOPS	音频处理、图像处理、雷达、工业自动化、医学影像等
C5000	类CISC架构，定点数字信号处理器，主要针对低功耗应用进行优化设计	TMS320C5535，C55x内核	音频处理、耳机、通信、便携式医疗设备、控制等
C2000	类CISC架构，集成CLA、TMU、VCU等协处理器，针对实时控制进行优化设计	TMS320F28377，C28x内核，集成CLA、TMU等	工业控制、逆变器、变流器、电动汽车等

表1-2 ADI的主要DSP产品

类别	特点	代表产品	应用领域
SHARC	类CISC架构，单指令可完成多个操作，但指令字长一致	ADSP-21569	音频处理、汽车、通信、工业检测、工业控制等
Blackfin	DSP与MCU技术的结合，RISC架构，支持最多并行发射三条指令	ADSP-BF561	图像视频处理、通信、工业检测等
TigerSHARC	VLIW架构，结合SIMD、子字并行技术和大容量存储器，提供强大的信号处理能力	ADSP-TS101	图像处理、音频处理、雷达等

随着集成电路工艺的不断进步，单个芯片上可以集成的晶体管数目也不断增加，越来越多的DSP以IP的形式集成到大规模SoC芯片中。以手机芯片为例，其片上集成

CPU、GPU、AI 和 DSP 等各类微处理器内核以执行不同的任务，其中 DSP 内核主要用于完成图像音频处理以及基带信号处理等。在 AI 芯片中，DSP 内核同样发挥着重要的作用，该类芯片多采用 DSP+NPU 的架构，NPU 用于执行卷积、池化等宏指令，DSP 用于执行向量类、变换类计算，这种架构可兼顾高效性和通用性。目前国际上提供 DSP 内核 IP 的厂商主要为 CEVA 和 Cadence，其产品情况大致如下：

CEVA 在物联网、边缘设备、5G 通信以及智能计算等典型应用场景拥有完善的 IP 产品线。

1）在控制、无线设备、物联网设备领域，CEVA 提供了两种典型的标量核 IP 配置，即 BX1 和 BX2。BX1 和 BX2 均采用 VLIW 架构以及 11 级流水线结构。计算单元方面支持 8/16/32/64 位定点以及半精度、单精度与双精度浮点计算。BX2 的计算资源是 BX1 的 2 倍，具有并行访存功能。在 TSMC 7nm 工艺下，二者的主频可达 2GHz，并分别提供了 8MACs/s、16MACs/s 的算力。作为 CEVA 的主力标量核，它们将会被集成到更高性能的带有向量处理单元的 SoC 中。

2）在 5G 移动端、通信基础设施领域，CEVA 根据不同应用场景提供了高算力 DSP。对于移动端侧，CEVA 有两款代表性 IP，即 XC4500 和 XC22，它们分别是该系列的第 4 代、第 5 代产品，用于处理 5G-NR、LET、蜂窝等 5G 终端等应用。XC4500、XC22 均采用 8 发射 VLIW 架构，13 级流水线结构，集成 2 个向量处理单元。其指令集针对 5G-NR、LTE 领域的算法进行了定制扩展，并集成有 FFT/DFT、MLD MIMO 解码器、5G AI 协处理核等领域专用加速器。上述两款 DSP 核分别在 16nm 工艺 1.2GHz、7nm 工艺 1.8GHz 的主频下提供 64MACs/s 与 128MACs/s 的算力。针对 5G 基站，CEVA 提供了代表性的 XC16。XC16 采用 8 发射 VLIW 架构，并附带 4 个向量处理单元。在指令方面，它提供了专用的指令加速 FFT 与对称 FIR 算法，同时提供了 2048 位宽的存储带宽。单核 XC16 在 7nm 工艺 1.8GHz 主频下提供 256MACs/s 的算力。

3）在新兴应用领域，CEVA 针对边缘 AI、深度学习与计算机视觉传感提供了三种代表性 IP。NeuPro-M 是边缘 AI、深度学习领域的 IP，通过可配置的向量处理单元，获得单核 4TOPS～256TOPS 的算力。SensorPro2 是针对视觉传感器设计的 DSP IP，用于加速相机、AR/VR、自动驾驶的雷达、激光雷达以及 SLAM。SensorPro2 采用 8 发射 VLIW 架构，集成可配置的向量处理单元，提供 128～1024 个 INT 8 数据数型的 MAC 阵列与 64 个浮点 MAC 阵列，在 1.6GHz 主频下带来 3.2～20TOPS 的定点算力与 400GFLOPS 的浮点算力。XM6 是一款用于 DSP 以及嵌入式设备的计算机视觉处理 IP，采用 8 发射

VLIW 架构，集成可配置的向量引擎，可在 28nm 工艺下运行到 1.6GHz，提供 128MACs/s 的算力。

2013 年，Cadence 收购 Tensilica，并面向不同应用领域，持续推出多款具有竞争力的 DSP IP。

1）Xtensa LX 与 NX 系列是 Tensilica 的标量处理器内核，二者均采用基于 RISC 的 32 位专用指令集架构。LX 系列采用可配置的 5/7 级流水线，具有可选的指令、数据 cache，L2 级存储可配置为紧耦合存储或 L2 cache，提供从无 cache 的控制器到中高性能 DSP 引擎。NX 系列采用 10 级流水线结构，主频可达 2GHz，为大存储、计算密集型应用提供高性能的嵌入式控制。

2）Tensilica 为低功耗应用场景提供了一款典型的 IP，即 Fusion F1。Fusion F1 为 2 发射 VLIW 架构，并可根据用户应用场景提供声学/音频/语音扩展指令以及 Viterbi 加速器。微结构上支持循环寻址、cache 预取等优化。该款 IP 的算力为 4～8MACs/s，可应用于常开启传感器（always-on sensor）、WiFi、IoT 等低功耗场景。

3）面向雷达、激光雷达、通信等对算力有更高需求的场景，Tensilica 研发了 Connx 系列 DSP IP。Connx 系列的 DSP 采用 VLIW 架构，分别集成了 128、256、512 位宽的 SIMD 向量处理单元，分别提供 32MACs/s、64MACs/s、128MACs/s 的算力。Connx 系列 DSP 可针对特定应用算法自定义扩展指令，例如复数、多项式求解、FFT、FIR 等，并且具备进行多核扩展的选项。

4）针对视觉、图像的应用场景，Tensilica 提供高性能、低功耗的图像处理 DSP，该类处理器以 Vision 系列为代表。Vision 系列共有 4 款 DSP 处理器，分别为 P1、P6、Q7、Q8。其中 P1、P6 集成了上述 Xtensa LX 系列的标量核，Q7、Q8 集成了 Xtensa NX 系列标量核。以上四款为 8 槽 VLIW 流水线设计，并集成了 128、512、1024 位宽的 SIMD 的向量处理单元，支持 8/16/32/64 位定点运算，半精度、单精度及双精度的浮点运算，且均内置 DMA，通过 128、256 位宽的 AXI 总线与外部相连。P6 在 16nm 工艺下，主频达 1.1GHz，提供 128MACs/s 的算力，Q7、Q8 在 16nm 工艺下，主频为 1.5GHz，Q8 的最高算力达 512MACs/s，可用于 AI、AR/VR、SLAM 等高性能图像、机器视觉场景。对于浮点运算密集型的应用场景，Tensilica 具有 KP/KQ 系列的 4 款 IP。该类 IP 从定位到技术配置、定点性能、主频与 Vision 系列的 4 款核类似，但对浮点运算的 PPA 进行了特殊优化，可供用户定制化选择。

5）音频领域是 Tensilica IP 的强项。在音频领域，Tensilica 具有代表性的是 HiFi 系列 IP，分别为 HiFi1、HiFi3、HiFi3z、HiFi4、HiFi5。HiFi1 是针对常听、常开启音频设备的超低功耗 IP，具有 2 发射 VLIW、SIMD 向量 FPU 结构，以及循环寻址功能，可提供 8MACs/s 的算力。HiFi3 至 HiFi5 在性能与能耗方面达到平衡，具有 3～5 发射 VLIW 及不同宽度 SIMD 向量 FPU 结构，其算力能达到 16～32MACs/s，用于高性能高质量的音频信号前、后处理以及计算。

1.2　数字信号处理器的主要特征

1.2.1　指令集

指令集对处理器在不同任务场景的适用性有着深远影响，是处理器设计中要考虑的首要因素。相比于传统的通用处理器，DSP 处理器的指令集面向数字信号处理场景高度优化，除了包含通用处理器的常用指令外，在数字信号处理方面也进行了全面增强，在执行信号处理算法时效率更高、使用更便捷。接下来将系统介绍 DSP 处理器指令集不同于通用处理器指令集的特点。

在数字信号处理任务中，除了常见的算术操作、逻辑操作和移位操作外，乘法操作和乘累加操作也频繁使用。因此，DSP 处理器在指令集设计上通常特别强调乘累加能力，并提供了多种类型、位宽的乘法和乘累加指令以及专用硬件的支持，从而大幅提高了计算效率和速度。DSP 指令集一般还包括除法、倒数、开平方根等指令，针对控制系统应用中常出现的周期密集的三角函数计算，DSP 处理器指令集提供正弦函数、余弦函数、正切函数等三角函数指令；针对 PID 控制系统的非线性计算，DSP 处理器指令集提供对数计算、逆指数计算指令；针对通信系统的特殊计算需求，DSP 处理器指令集提供快速傅里叶变换、复数滤波、维特比译码、循环冗余校验的相关指令。通过提供面向不同领域的专用指令，DSP 处理器在控制系统、通信应用等应用场景中运算效率极高。

数字信号处理算法通常会涉及循环操作，这些循环操作的循环体指令数目通常较小，但是循环带来的跳转和循环条件检测的开销相对较大。因此，DSP 处理器通常会设计专门的硬件循环指令和专门的硬件支持，自动将单个指令或一组指令重复执行若干次，在检查循环是否完成、跳转返回循环顶部等操作时不需要时间开销，从而可以高效地执行循环操作，实现了循环操作的零开销执行。此外，针对数字信号处理中的数据访问特点，

DSP 处理器提供了后增寻址、取模寻址、位反寻址等专用寻址指令，在 1.2.5 节将做详细介绍。

1.2.2 存储结构

哈佛结构是 DSP 存储结构的显著特征。DSP 运算有访存密集的特点，为了提高数据的吞吐量，DSP 一般采用数据存储和指令存储分离的存储结构。比较典型的存储结构为三块独立存储，分别为 PM、DM0 和 DM1，其中 PM 用于存储指令，DM0 和 DM1 均用于存储数据；部分 DSP 采用两块独立存储，分别为 PM 和 DM，其中 PM 既可以存储指令又可以存储数据，DM 仅存储数据，这种结构也称为超哈佛结构。超哈佛结构中的 PM 存在访存冲突的情况，即程序控制器的取指操作和数据访存操作同时访问 PM 存储器。在这种情况下，一般采用数据优先的策略，即取指停顿、数据访存优先执行。

DSP 在很多领域中非常注重实时性和确定性，这意味着重复执行相同代码段不会因为操作数的变化而导致运行时间变化，这对于很多应用非常重要。为此，DSP 存储通常不采用 cache 技术，而是采用嵌入式的 SRAM。为了减小 DSP 访问 SRAM 的延时和提高吞吐量，一般会设计专用的流水协议总线，快速地进行数据的写入或读出。有些数字信号处理场景对确定性要求不高，因此部分 DSP 也采用了可配置的 cache 存储结构，以提高编程效率和灵活性。这种可配置的 cache 一般具有两种工作模式：cache 模式和 SRAM 模式。

DSP 内核在进行计算的时候，对内部 SRAM 中的数据进行处理，当所有数据处理完毕以后，需要从外部存储导入新的数据。如果上述工作串行执行，则在数据从外部存储导入内部存储的期间，DSP 内核处于等待状态，这将牺牲计算效率。为此，DSP 内部存储通常采用乒乓结构，如 DSP 内部包含 DM0、DM1、DM2 和 DM3 存储器，当 DSP 内核访问 DM0 和 DM1 中的数据时，DMA 负责将数据从外部存储搬移到 DM2 和 DM3；当 DM0 和 DM1 中的数据计算完毕以后，DSP 内核开始从 DM2 和 DM3 中访问数据，此时 DMA 则负责 DM0 和 DM1 与外部存储之间的数据搬移。通过上述方式，为 DSP 内核持续供数，从而保证计算效率。

1.2.3 数据格式与算法

DSP 处理的数据类型一般分为定点数据格式表示和浮点数据格式表示两类。DSP 中常用的数据格式表示如图 1-2 所示。定点多采用 8 位、16 位、32 位和 64 位。浮点一般符合 IEEE 754 标准,主要为 32 位单精度浮点计算和 64 位双精度浮点运算。

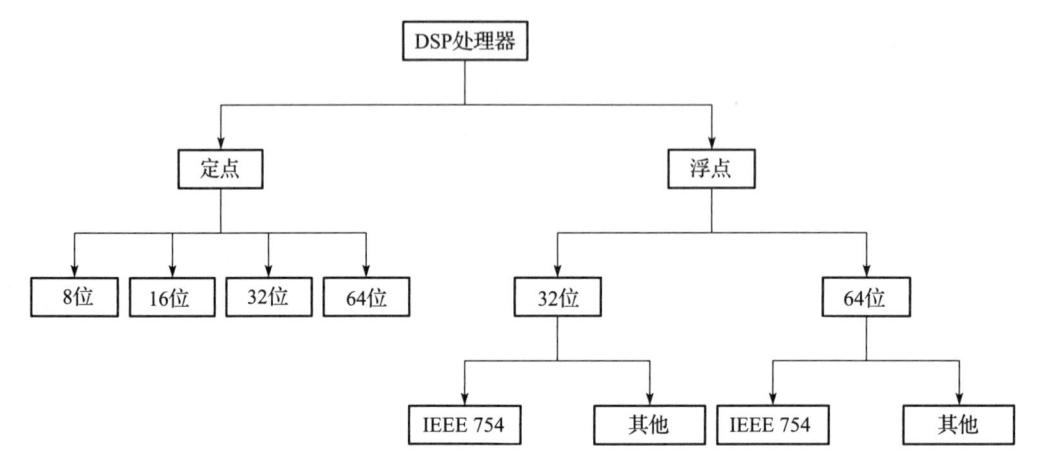

图 1-2　数字信号处理器常用的数据格式表示

早期的 DSP 处理器使用定点运算,至今,定点 DSP 仍然占重要地位。在定点 DSP 处理器中,数据格式的表示可以是整数和小数。整数运算和小数运算之间的主要区别在于如何处理乘法运算的结果,大多数定点 DSP 处理器都支持小数运算和整数运算。图 1-3 说明了简单的 8 位有符号二进制整数表示和小数表示,由补码形式组成,每一位均存在权重,全部位的权重相加即可转换为十进制数据。对于无符号表示,只需要把最高位的负数权重改为正数权重。

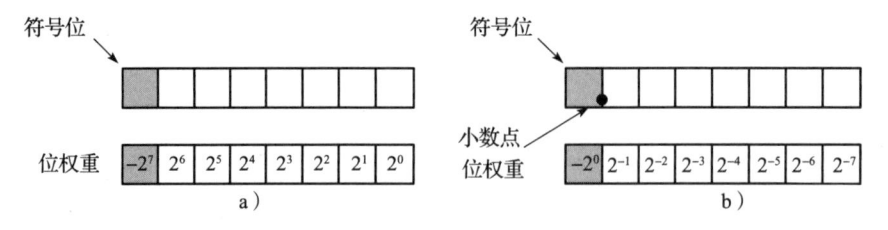

图 1-3　8 位有符号二进制整数表示 a);8 位有符号二进制小数表示 b)

浮点 DSP 处理器支持浮点数据格式,由符号位 S、指数位 E、尾数位 F 组成。IEEE 754 标准 32 位浮点表示如图 1-4 所示,符号位 S、指数位 E、尾数位 F 的长度分别为 1 位、8 位、23 位,并包含一位隐含位。单精度浮点格式与数值对应关系分为非规格化和规格化数两种情况,隐含位分别为 0 和 1。非规格化数遵循公式 $\text{Denormal}=(-1)^S \times (0.F) \times 2^{1-\text{BIAS}}$,

规格化数遵循公式Normal = $(-1)^S \times (1.F) \times 2^{E-\text{BIAS}}$，其中单精度浮点格式的偏置值 BIAS 为127。指数位为无符号的二进制整数表示，尾数位为无符号的小数表示，根据数据换算公式即可转换为十进制数据。

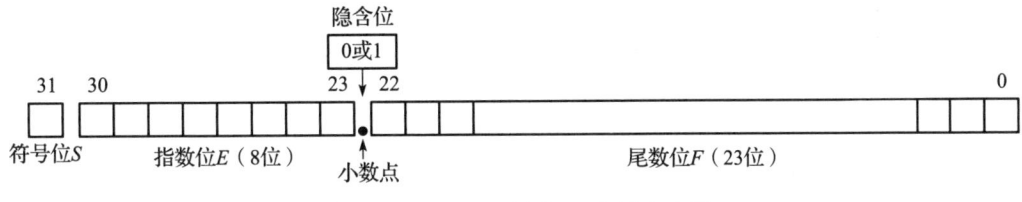

图 1-4　IEEE 754 标准 32 位浮点表示

根据定点数据格式与浮点数据格式特点，可以发现相同的数据位宽下存在差异。定点数据格式除了 1 位符号位，其他位均为有效数字。浮点除了 1 位符号位，专门分配了部分位宽用于表示指数位，这使得浮点表示可以获得更宽的动态范围，但是相比于定点表示的有效数字有所减少。根据定点数据格式与浮点数据格式的特点，可以满足 DSP 处理器的算法需求。

1.2.4　运算部件

运算部件的处理对象是数据，根据数据格式的不同可以划分为定点运算部件和浮点运算部件两大类。相同的数据位宽下，因为浮点运算的复杂度更大，所以浮点运算部件的硬件资源和路径延时一般比定点运算部件大。运算部件支持的操作和运算的速度，标志着运算部件能力的强弱。

运算操作基于数据格式的特点进行实现，浮点数据运算一般遵循 IEEE 754 标准。加法、减法、比较、乘法等操作，是如今数字信号处理应用中最基本的操作，这些操作由运算部件的硬件结构支持。硬件结构的设计实现，最终映射成最基本的与、或、非、异或电路，因此数据位宽越大、算法越复杂，映射的电路组件就越多。对于不同的运算操作，如今存在比较成熟的通用硬件算法，用于简化和加速硬件实现，如 Booth 乘法器、超前进位加法器、前导 0 检测、移位器等。运算操作的结果可能会超出数据格式的表示范围，如除零、上溢、下溢等异常情况，会造成计算结果错误。该情况需要进行特殊处理，如饱和处理、舍入操作、异常设置等，一般需要控制和状态寄存器的支持，以保存出现的异常情况。

常用数据运算操作的硬件算法实现相对成熟，类似于搭积木的过程，将通用的小单元进行组合、拼接，最终实现运算操作。不同的组合方式会有不同的实现效果，因此实现所需要的运算功能往往有多种不同的硬件算法方案。在设计过程中，需要根据性能、功耗和面积指标之间的权衡取舍来选择最合适的硬件实现方案。总体来说，运算部件一般面积大、功耗高、延时长，是提升 DSP 处理器性能的关键，因此早期的 DSP 通常只实现定点运算部件。

随着摩尔定律的发展，芯片的面积制约降低，DSP 处理普遍包含定点运算部件和浮点运算部件，浮点运算部件甚至会支持浮点乘累加操作，以获得更快的运算速度。但是如今摩尔定律和登纳德缩放定律的失效，功能部件仍然是 DSP 处理器提升性能的关键。在保证运算速度的情况下，如何设计面积最小的功能部件是一种挑战。当前，设计师通常采用资源复用技术，对实现的运算操作进行操作融合，完成整个运算部件的重构设计以降低面积。

1.2.5　寻址方式

大多数程序执行的访存常被映射成基地址 + 偏移（base + offset）的模式，这是由于程序常访问数组、指针以及结构体、联合体等复合结构，这类数据结构具有常数的偏移，因此基地址 + 偏移的寻址模式被视为一种基本的实现。

在指令编码空间足够的情况下，后增寻址（post-modify addressing mode）在 DSP 中实现较为方便。后增寻址模式是在一次访存后，存放地址的寄存器通常自动增加（或减少）常数的偏移，以备下次访存使用。这种寻址模式对于循环密集的程序而言十分有效。在具体微结构实现上，这种后增寻址的实现方式可采用"前增"的模式，也就是说不占用访存的关键路径，自增地址可以与访存并行计算。

循环缓存（circular buffer），又称取模寻址（modulo addressing mode），是应用于 DSP 典型算法——有限冲激响应（Finite Impulse Response，FIR）滤波的寻址模式。FIR 滤波器是数字信号处理的常用算法，它是一种针对脉冲响应（或对任何有限长度输入的响应）且具有有限持续时间的滤波器。N 阶离散时间 FIR 滤波器的脉冲响应持续 $N+1$ 个样本（从第一个非零元素到最后一个非零元素），然后稳定为零，输出序列的每个值都是最近 N 个输入值的加权和，N 阶离散时间 FIR 滤波器的公式如下所示：

$$y(n) = b_0 x(n) + b_1 x(n-1) + \cdots + b_N x(n-N) = \sum_{i=0}^{N} b_i x(n-i)$$

FIR 新数据写在前一个样本的下一个位置，如果采用线性寻址方式，长度为 N 的 FIR 数据序列就会一直往高地址方向移动，通常情况下数据空间有限，不具备移动的条件。而采用循环缓存，则通过移动指针而不是移动数据本身来实现，指针能够从最后一个位置跳回到第一个位置。通过这种方式，FIR 数据看起来是连续的，最新的数据覆盖最旧的数据。图 1-5 为循环缓存示意图。

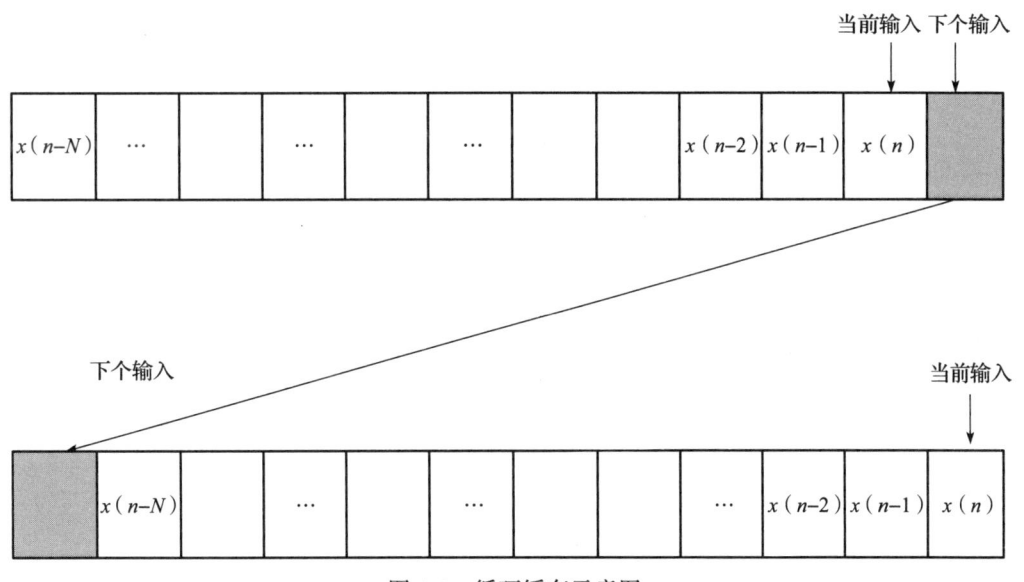

图 1-5　循环缓存示意图

位反寻址（bit-reverse addressing mode）是支持高效实现快速傅里叶变换（Fast Fourier Transformation，FFT）算法的特殊寻址方式。给定数组中特定元素的地址，DSP 自动计算位反序中下一个元素的地址。FFT 算法在进行离散傅里叶变换的蝶形运算开始或结束时需要隐式地将正在处理的数据数组重排，以便最终获得按顺序排列的数据。位反重新排序可以通过将数据字从顺序寻址数组复制到位反序数组来执行，位反寻址可以通过地址规避数据复制带来的开销，达到更高效的处理实现。以 4 点基 2-FFT 为例，图 1-6 为蝶形运算示意图，而图 1-7 示意了为更高效地进行蝶形运算，在输入处采用位反寻址做数据重排。

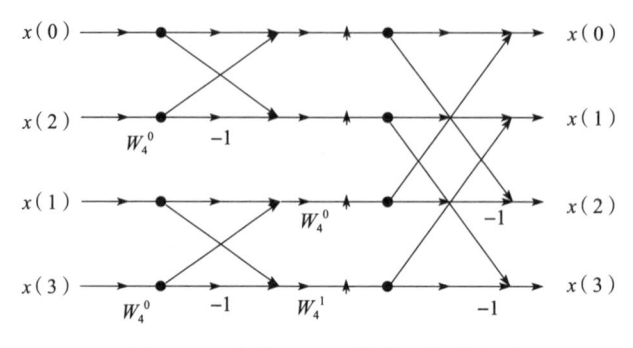

图 1-6 4 点基 2-FFT 蝶形运算示意图

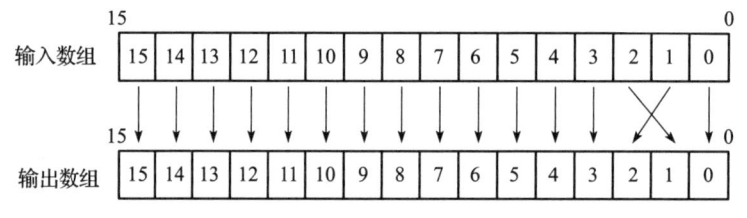

图 1-7 4 点基 2-FFT 位反寻址示意图

访存常在 DSP 实现的关键路径上，支持更多访存模式意味着在该路径上存在更多样的地址计算，这可能给时序带来挑战或促使访存级增加更多的流水级数。但不使用多种寻址模式同样无法对性能进行保证。因此，如何选择寻址模式是体系结构设计者所应做出的权衡。

1.3 数字信号处理器的应用领域

DSP 应用领域广泛，主要包括通信、音视频、工控、医疗、新能源、汽车电子、安防等场景，下面以工业控制、新能源和电动汽车为例进行简单描述。

工业控制方面，典型应用场景为伺服电机控制，DSP 通过 ADC、eCAP 和 eQEP 等模块获取电机运行信息，通过 DSP 内核进行信号处理，并通过 PWM 模块对电机运行进行精细调控。工业控制非常注重系统的实时性和可靠性，为了能够满足该领域需求，DSP 在内核、接口和 SoC 等方面进行了优化设计，以保障实时性和可靠性。

新能源方面，当前碳中和是全球共识，新能源相关产业在世界范围内快速发展。DSP 广泛应用于光伏逆变、储能和 UPS（Uninterrupted Power Supply）等。以光伏逆变系统为例，DSP是整个系统最核心的控制芯片，其通过多通道ADC采集电信号的幅值和相位等信息，通过内核进行处理，并通过PWM等控制IGBT或碳化硅等，从而实现高效安全的并网。

电动汽车方面，DSP主要应用在车载充电机OBC、车载DC/DC变换器、电驱逆变器、交/直流充电桩、无线充电模块、电机控制、中/短距离雷达等。以车载OBC为例，其具有为动力电池安全快速便捷充满电的能力，可依据电池管理系统BMS提供的数据，动态调节充电电流与电压参数，执行相应的充电动作以完成充电过程。DSP是OBC的主控芯片，主要用于控制IGBT或者碳化硅完成交流转直流的工作。

信号处理无处不在，有信号处理需求的地方就有DSP芯片的身影。DSP除了以独立处理器芯片的形态广泛应用在各类信号处理领域以外，更多的逐渐以IP模块的形式集成到专用处理器或大规模SoC中。在SoC中，DSP用于处理通信、图像和音频等任务，与其他处理器或者加速器协同完成复杂的信息处理任务。在经历50多年的发展后，DSP依旧保持着强大的生命力，持续在能源、通信、工业和交通等领域发挥着重要的作用，融入人们生活的各个方面，让人们的生活更健康、安全、环保、智能。我们相信DSP技术将不断创新，并持续改变世界。

1.4 本章小结

本章首先阐述了DSP处理器的概念，向读者介绍了DSP处理器的发展历史、关键技术演变、各大厂商各个阶段的代表性产品以及DSP如今的IP存在形式。之后从指令集、存储结构、数据格式与算法、运算部件、寻址方式等方面系统描述了DSP处理器的主要技术特征，尤其是DSP处理器的独特技术。最后向读者介绍了DSP处理器的各种应用领域。通过阅读本章，读者可以快速地了解DSP处理器的整体情况。

CHAPTER 2

第 2 章

RISC-V 架构

设计一款处理器时，最重要的工作是确定指令集架构（Instruction Set Architecture，ISA）。指令集是软硬件之间的接口，在其之上是一个庞大的生态，包括工具链、应用软件、解决方案和用户使用习惯等，因此自主设计一套指令集会产生巨大的工作量。成熟的指令集如 x86 和 ARM 等均为私有指令集，x86 以处理器芯片的形式对外销售，ARM 虽然可提供处理器核 IP 授权，但主要是内核授权，极少进行指令集架构授权且授权价格昂贵。在 DSP 领域同样存在类似的现象，TI 和 ADI 公司均拥有各自的 DSP 指令集，但对外不提供指令集授权，仅提供系列化的 DSP 芯片。上述现状阻碍了学术界或初创公司对计算机体系结构的创新，RISC-V 指令集应时而生。RISC-V 架构是一个开放指令架构，它起源于伯克利 2010 年暑期的计划，2015 年开始以基金会的方式运营，到 2021 年，全球采用 RISC-V 架构的芯片出货量已超 100 亿颗。它以免费、开放的特点和更加科学合理的设计，吸引了众多的开发者和厂商。RISC-V 生态正日益壮大，有望成为继 x86、ARM 之后的第三种主流指令集架构，为处理器的设计和开发提供了更多的自由和可能性。

2.1　RISC-V 的发展历程

RISC-V 起源于加州大学伯克利分校。在 2010 年夏季，Krste Asanovic 教授带领他的两个学生 Andrew Waterman 和 Yunsup Lee 启动了一个项目，目标是针对 x86 和 ARM 指令集架构复杂和需要 IP 授权的问题，开发一个简化和开放的指令集架构。伯克利的研究团队只用了 3 个月就完成了 RISC-V 的指令集开发，并公开发布了第 1 版指令集。该指令集的第 1 个版本只包含了不到 50 条指令，具有精简和灵活两大特点。随后，伯克利的研究团队将这个新指令集命名为 RISC-V，RISC 是精简指令集的意思，V 是罗马字母，代表第五代的意思。因为伯克利分校的 David Patterson 教授在此之前已经研制了四代处理器芯片。开源精神是 RISC-V 的初衷，RISC-V 的开发团队希望这是一个完全开放的指令架构，可以为任何组织机构和商业组织所使用。

2013 年，RISC-V 使用 BSD（Berkeley Software Distribution，BSD）协议开源，这意味着几乎任何人都可以使用 RISC-V 指令集进行芯片设计和开发，并且商品化之后也不需要支付授权费用。

2015 年，RISC-V 基金会成立，其总部注册地位于美国特拉华州，基金会董事会最早 由 Bluespec、Google、Microsemi、NVIDIA、NXP、UC Berkeley、Western Digital 七家单位组成。基金会为核心芯片架构制定标准和建立生态，目前已超过 1000 家成员，包括高通、NXP、阿里巴巴和华为等。2020 年 3 月，RISC-V 基金会注册地从美国迁往瑞士。

2.2 RISC-V 的优势

2.2.1 技术优势

RISC-V 指令集是一种简洁的指令集架构，具有低功耗、低成本、开源开放、模块化等技术优势。

在指令集方面，RISC-V 相较于主流的框架 x86 或 ARM 架构而言，其规模十分精简。随着现代处理器技术的不断发展，指令集架构不断发生变化，x86 与 ARM 架构为了做到向前兼容，常常需要保留许多过时的指令，因此 x86 架构与 ARM 指令集十分繁杂。而 RISC-V 架构具有后发优势，指令集架构经过多年发展已相对成熟，因此 RISC-V 架构从诞生之初就已经规避了许多早已暴露出的缺陷与问题，没有背负向前兼容的历史包袱。

RISC-V 的指令集采用模块化的形式组织，每一个模块使用一个英文字母来表示，其中基础整数指令集 I 是 RISC-V 最基本也是强制要求实现的指令集模块，模块化的设计方便用户针对应用领域对指令集进行定制化扩展。RISC-V 的指令编码相对规整，为了在流水线中尽快地读取通用寄存器组，RISC-V 将指令所需要的通用寄存器索引均放在了固定位置，通过这样的方式，指令译码器可以快速译码出寄存器的索引，从而快速读取通用寄存器。因此，指令的模块化与规整是 RISC-V 架构的重要特点。

在影响性能的访存、跳转指令上，RISC-V 架构也有特殊的设计考虑。与所有的 RISC 架构一样，RISC-V 架构使用专用的访存指令（LOAD 与 STORE）对存储器进行访问，这种策略使得设计处理器变得简单。在此基础之上，RISC-V 对访存提出了一系列的要求与建议，例如 RISC-V 架构建议采用对齐的存储器读写方式来提高存储器读写速度，访存指令不支持地址自增或自减功能以简化设计，规定采用小端方式进行访问。跳转方面，RISC-V 的跳转指令由 JAL、JALR 等 2 条无条件跳转指令与 6 条有条件跳转指令构成。2 条无条件跳转指令用于子程序的调用与返回，6 条有条件跳转指令带有两个源操作数与一个相对偏移地址，两个源操作数用作条件的比较，使用相对偏移地址进行向前、向后跳转。与"比较与跳转"需要使用两条独立指令的其他 RISC 架构（一条用于比较一条用于跳转）相比，RISC-V 架构减少了条件跳转的指令数、指令间的相关性等，这对代码大小、取指带宽、寄存器分配和分支预测等方面的设计均有益处。

RISC-V 架构吸收了过去指令集架构的很多优势，并丢弃了很多历史包袱，其设计更加科学合理。"大道至简"的设计理念以及灵活的模块化设计使得 RISC-V 架构特别适合用于处理器内核的高效设计实现，开发者可根据应用需求灵活剪裁，实现定制化开发。而 RISC-V 基础整数指令集仅有数十个指令，指令编码十分规范简单，因此其实现所需要的面积更小、相应的功耗也更低。

2.2.2 生态优势

软件生态对于处理器设计来说至关重要，在处理器设计完成后，软件决定了处理器是否可用、是否易用。RISC-V 作为一种开源的指令集架构，具有庞大的开发者社区开发与维护工具链，为高校、研究机构或者前期资金缺乏的创业公司提供了完整的软件工具链，大大减少了开发工作量以及研发成本，使得开发人员可专注于 RISC-V 架构处理器内核的实现。

RISC-V 的软件工具链包括模拟器、调试器、C 编译器及函数库、操作系统、集成开发环境等各个方面。例如，riscv-isa-sim 是基于 C/C++ 开发的指令集模拟器，该模拟器为开发者提供了标准的指令功能模拟。riscv-openocd 是基于 OpenOCD 的 RISC-V 调试器软件，为基于 RISC-V 架构的处理器提供调试的功能。riscv-test 是 RISC-V 的测试套件，其中包含了 RISC-V 指令集测试用例。编译及二进制工具方面，在 RISC-V 社区中，编译器分为 GNU 与 LLVM 两种框架。GNU 的编译工具是 riscv-gcc，支持 C/C++、Java 与 Go 等高级语言；LLVM 中的编译器前端为 CLANG，其对应的汇编器 llvm-mc、链接器 lld 均已支持 RISC-V 架构。

2.2.3 知识产权优势

处理器的设计是一个涉及多个专业领域的复杂工程，它需要工程师、程序员等投入大量的精力和资源，协同合作才能完成，包括数字集成电路、编译器与操作系统等软硬件领域。RISC-V 架构的初衷是发明一种面向学术与工业界用户的免费、开放的全新指令集架构，并且任何开发者、商业公司或科研机构都可以基于 RISC-V 架构进行软硬件领域的创新和商业化应用。RISC-V 架构的技术规范向开发者免费开放，免除了使用 x86 架构或 ARM 架构的巨额版税，并且 RISC-V 国际基金会在基于 RISC-V 架构开发的产品和服务上不保留任何商业利益，这减轻了开发者的资金压力、降低了处理器的开发门槛。

同时，"开源"模式实质上是坚实的"协作与共同盈利"的商业模式，拥抱开源促进了大大小小的厂商自愿地花费人力物力在 RISC-V 路线图中协作合作而共同获利，这为处理器的设计和开发提供了更多的自由和可能性。工业界的主要科技公司诸如谷歌、华为、甲骨文、三星、英伟达等已经开始使用或计划使用基于 RISC-V 架构开发的自研处理器。在全球个人开发者、高校、科研机构、商业公司以及 RISC-V 国际基金会的协同努力下，RISC-V 架构已经建立起了庞大且可持续的用户社区，开发和维护了全面广泛的软硬件生态体系。

对于本土市场而言，RISC-V 架构给中国芯片产业带来了新的契机。芯片行业是我国当前工业体系下的短板，RISC-V 架构打破了国外厂商对于指令集的垄断和控制，为中国半导体产业提供了一种自主可控的技术选择，也为处理器的创新和发展提供了更多的可能性。RISC-V 架构作为一种开源的指令集，吸引了全球范围内的众多研究机构、企业、开发者和爱好者参与其中，形成了一个庞大而活跃的社区生态，这也让中国厂商获得了更多的技术支持、资源共享和合作机会，提高了产品的质量和生产效率。

2.3 RISC-V 的主要特征

本节对 RISC-V 指令集的主要特征进行介绍，希望能够帮助读者了解 RISC-V 架构的特性[○]。

2.3.1 模块化设计

为了能够广泛应用在嵌入式、个人计算机、服务器等各种成本和性能的应用场景中，RISC-V 指令集采用模块化的架构设计，包括基础整数指令集和指令集标准扩展等两大类。基础整数指令集是所有处理器都必须实现的核心部分，它仅有 40 余条指令，十分简洁，但是足以支持操作系统等软件的运行，并且能够满足教育科研、嵌入式处理器和通用处理器的指令集需求。针对嵌入式处理器、通用处理器等不同低、中、高端的应用场景，RISC-V 的基础整数指令集分为 RV32I、RV32E、RV64I、RV64E、RV128I 这五种类型，它们在处理器位宽和寄存器数量等方面有所不同。

为了进一步提升处理器的性能、效率和灵活性，RISC-V 指令集中还定义了多种可选的指令集标准扩展，例如 M 标准扩展支持整数乘法和除法、A 标准扩展支持原子访存操作、F 标准扩展支持单精度浮点运算、D 标准扩展支持双精度浮点运算等。C 标准扩展是对基础整数指令集的压缩优化，可以减少静态代码的大小和提高指令的代码密度，可以显著降低指令存储的成本和处理器的能耗。

处理器开发者可以根据处理器的应用需求来灵活选用不同的指令集标准扩展，从而形成适合不同应用场景的定制化指令集方案。RISC-V 架构中将基础指令集（RV32I 或 RV64I）和 M、A、F、D、Zicsr、Zifencei 等指令集标准扩展的组合"IMAFDZicsr_Zifencei"定义为一个指令集通用组合 G，如 RV32G 或 RV64G，其能够为广泛的通用计算提供简单但完整的指令集。在表 2-1 中列举了 RISC-V 指令集的基础整数指令集和部分指令集标准扩展。

○ RISC-V 指令集架构和相关标准文档的开发、审核和维护由 RISC-V 国际基金会的工作小组负责，读者可以通过 GitHub 查看最新的指令集标准文档。

表 2-1 RISC-V 指令集的组成

分类	模块名称	指令数	功能描述
基础整数指令集	RV32I	42	有 32 位地址空间、32 个通用整数寄存器的基础整数指令集
	RV32E	42	面向嵌入式场景，仅将 RV32I 的通用整数寄存器缩减至 16 个，其余与 RV32I 一致
	RV64I	57	有 64 位地址空间、32 个通用整数寄存器的基础整数指令集，同时支持 RV32I 指令
	RV64E	57	面向嵌入式场景，仅将 RV64I 的通用整数寄存器缩减至 16 个，其余与 RV64I 一致
	RV128I	61	有 128 位地址空间、32 个通用整数寄存器的基础整数指令集，同时支持 RV32I、RV64I 指令
指令集标准扩展	RV32M	8	支持整数乘法运算和整数除法运算
	RV32A	11	原子性地读取、写入和修改存储，以支持在同一存储空间运行的多个 hart 之间的同步
	RV32F	26	支持单精度浮点运算，兼容 IEEE 754-2008 算术标准
	RV32D	26	支持双精度浮点运算，依赖 F 扩展的实现，兼容 IEEE 754-2008 算术标准
	RV32Q	28	支持四精度浮点运算，依赖 D 扩展的实现，兼容 IEEE 754-2008 算术标准
	RV32C	46	支持 16 位指令编码，是对基础整数指令集指令编码（RV32I、RV64I、RV128I）的压缩优化
	RV32Zicsr	6	支持对 CSR（控制和状态寄存器）的操作
	RV32Zifencei	1	包含 FENCE.I 指令，用于指令存储区域的同步指令，保证对指令存储区域的写操作完成后，再发射对指令存储区域的读指令

注：该表格仅列举了部分指令集标准扩展，查阅其他内容请参考最新指令集标准文档。

2.3.2 基础整数指令集

为了适合嵌入式处理器、通用处理器等应用场景，RISC-V 架构的基础整数指令集分为 RV32I、RV32E、RV64I、RV64E、RV128I 这五种基础整数指令集。RV32I 是标准 32 位基础整数指令集，包含计算类、分支跳转类、访存类这三类，共计 42 条指令，定义了 32 个 32 位通用整数寄存器和指示当前指令地址的 PC 寄存器，其中 x0 寄存器硬连接为 0，RISC-V 架构是一个 load-store 结构，所有的计算类指令都是在寄存器间进行的，只有

LOAD 指令和 STORE 指令才会去访问存储。

RV32I 中指令的位宽是 32 位，在指令存储中保持四字节对齐和小端字节顺序存储，当分支跳转指令的目标地址不是四字节对齐时，会触发"指令地址不对齐"异常，若实现了位宽为 16 的压缩指令，这一对齐限制可放宽到两字节对齐。如表 2-2 所示，RV32I 有 6 种指令格式，包括 R、I、S 和 U 这四种基本指令格式以及 B、J 这两种立即数指令格式变种，其中指令格式 B 是指令格式 S 的变种，指令格式 J 是指令格式 U 的变种，指令格式 B、J 中的立即数位置和指令格式 S、U 相同，只是表示的是立即数的不同位。RV32I 中指令最多有两个源寄存器操作数 rs1、rs2，并且产生结果存到一个目的寄存器 rd 中，源寄存器编号、目的寄存器编号在这些指令格式中位置相同，这简化了流水线译码单元的逻辑。在立即数方面，除了 CSR 的 5 位立即数，RISC-V 中立即数都是有符号数扩展的。在指令编码格式中，立即数符号位都在指令字的第 31 位上，不同指令格式中立即数的其余数位尽可能靠左保持一致，这种立即数格式设计减小了硬件实现的复杂度。

表 2-2　RV32I 指令编码格式

31	30　　25	24　21	20　19	15　14	12　11	8　7　6	0	
funct7		rs2	rs1	funct3	rd		opcode	R
imm[11:0]			rs1	funct3	rd		opcode	I
imm[11:5]		rs2	rs1	funct3	imm[4:0]		opcode	S
imm[12]	imm[10:5]	rs2	rs1	funct3	imm[4:1]	imm[11]	opcode	B
imm[31:12]					rd		opcode	U
imm[20]	imm[10:1]	imm[11]	imm[19:12]		rd		opcode	J

指令格式中低 7 位是主操作码 opcode，opcode 最低两位为 11 表示该指令的位宽大于 16，低两位为 00、01、10 表示该指令是 16 位宽的压缩指令，主操作码使用情况如表 2-3 所示。opcode 第三位到第五位为 1 时，表示指令编码的长度大于 32。标识为"reserved"的主操作码应该避免留给自定义扩展使用，它是留给未来的指令集标准扩展使用的；标识为"custom-0"或"custom-1"的主操作码留给指令长度是 32 的指令集自定义扩展使用；标识为"custom-2/rv128"或"custom-3/rv128"的主操作码留给 RV128 的自定义扩展使用，它也可以留给 RV32 或 RV64 的指令集自定义扩展使用。

表 2-3　RISC-V 主操作码使用表，inst[1:0]=11

inst[6:5]\inst[4:2]	000	001	010	011	100	101	110	111
00	LOAD	LOAD-FP	custom-0	MISC-MEM	OP-IMM	AUIPC	OP-IMM-32	48b
01	STORE	STORE-FP	custom-1	AMO	OP	LUI	OP-32	64b
10	MADD	MSUB	NMSUB	NMADD	OP-FP	reserved	custom-2/rv128	48b
11	BRANCH	JALR	reserved	JAL	SYSTEM	reserved	custom-3/rv128	≥ 80b

绝大多数整数计算指令是在整数通用寄存器存储的操作数间进行的。在整数计算指令中，寄存器－立即数操作使用 I 指令格式，寄存器－寄存器操作使用 R 指令格式。在 RISC-V 指令集中，整数计算指令不产生算术异常。控制转移指令有无条件跳转指令和条件分支指令这两类，在 RV32I 指令集中没有定义结构可见的延迟槽。在无条件跳转指令中，JAL 指令使用 J 指令格式，JALR 指令使用 I 指令格式，所有的条件分支指令使用 B 指令格式。在访存指令中，LOAD 指令使用 I 指令格式，STORE 指令使用 S 指令格式。在 RV32I 指令集中，各指令的汇编格式以及功能描述如表 2-4 所述。

表 2-4　RV32I 指令列表

指令类别		汇编指令		功能描述
整数计算指令	特殊指令	LUI	rd, imm	将 20 位立即数左移 12 位，低 12 位补 0，写回到目标寄存器
		AUIPC	rd, imm	将 20 位立即数左移 12 位，低 12 位补 0，与 PC 相加，结果写回寄存器 rd 中
	加减运算	ADD	rd, rs1, rs2	将寄存器 rs1 与寄存器 rs2 中的整数值做加法或减法操作后，结果写回寄存器 rd 中
		SUB		
		ADDI	rd, rs1, imm	将寄存器 rs1 中整数值与 12 位立即数符号位扩展，进行加法操作，结果写回寄存器 rd 中
	比较运算	SLT	rd, rs1, rs2	将寄存器 rs1 中与寄存器 rs2 中的整数值做有符号数比较或无符号数比较。若前者中的值小于后者中的值，结果为 1，否则为 0，结果写回寄存器 rd 中
		SLTU		
		SLTI	rd, rs1, imm	将寄存器 rs1 中整数值与 12 位立即数符号位扩展做有符号数比较或无符号数比较。若 rs1 中的值小于立即数的值，结果为 1，否则为 0，结果写回寄存器 rd 中
		SLTIU		

（续）

指令类别		汇编指令		功能描述
整数计算指令	逻辑运算	AND	rd, rs1, rs2	将寄存器 rs1 与寄存器 rs2 中的整数值做与、或或者异或操作，结果写回寄存器 rd 中
		OR		
		XOR		
		ANDI	rd, rs1, imm	将寄存器 rs1 中的整数值与 12 位立即数符号位扩展做与、或或者异或操作，结果写回寄存器 rd 中
		ORI		
		XORI		
	移位运算	SLL	rd, rs1, rs2	对寄存器 rs1 中整数值做逻辑左移、逻辑右移或算术右移运算，移位量为寄存器 rs2 中整数值低 5 位，结果写回寄存器 rd 中
		SRL		
		SRA		
		SLLI	rd, rs1, imm	对寄存器 rs1 中整数值做逻辑左移、逻辑右移或算术右移运算，移位量为 5 位立即数，结果写回寄存器 rd 中
		SRLI		
		SRAI		
转移控制指令	无条件跳转	JAL	rd, imm	20 位立即数位乘以 2 为偏移量，与 PC 相加，生成跳转目标地址，因此仅可跳转到前后 1MB 的地址区间，并将下一条指令的 PC+4 值写入其结果寄存器 rd 中
		JALR	rd, rs1, imm	12 位有符号立即数为偏移量与寄存器 rs1 中的值相加得到跳转目标地址，并将下一条指令 PC 值写入寄存器 rd
	条件分支	B{EQ|NE|LT|GE|LTU|GEU}	rs1, rs2, imm	寄存器 rs1 中数值等于、不等于、有符号小于、有符号大于等于、无符号小于或无符号大于等于操作数寄存器 rs2 中的数值时就跳转
访存指令	加载指令	L{B|H|W|BU|HU}	rd, rs1, imm	从存储读回 8 位、16 位或 32 位数据，做符号位扩展或零扩展后写回寄存器 rd 中
	存储指令	S{B|H|W}	rs1, rs2, imm	将操作数寄存器 rs2 中低 8 位、低 16 位或 32 位数据写回存储
访存排序指令		FENCE	predecessor, successor	存储访问屏障指令，保证在 FENCE 之前所有指令进行的数据访存结果必须比 FENCE 之后所有指令进行的数据访存结果先观测到
		FENCE.TSO	RW, RW	遵循 RVTSO 顺序模型的同步指令。保证 STORE 指令前的访存操作已经完成后，再发射该 STORE 指令
系统指令	环境调用	ECALL		系统执行环境调用请求指令。用于 S 特权模式代码进入 M 模式的调用接口
	断点	EBREAK		用于处理器进入调试环境的调用接口

2.3.3 M 扩展

在许多应用尤其是在定点计算密集型的应用中,整数乘法操作和除法操作经常出现,即使乘除法运算操作在计算操作中总体占比不大,但如果使用软件程序实现乘除法操作,其运算效率会很低,乘除法运算的执行时间会在程序执行时间中占据很大一部分。因此,在硬件上实现乘法器和除法器是十分必要的。考虑到乘除法操作在不经常出现的低端应用场景中的简单实现,RISC-V 指令集中将乘除法指令定义为可选择实现的指令集标准扩展"M"。在 RV32M 指令集中,各指令的汇编格式以及功能描述如表 2-5 所述。

表 2-5 RV32M 指令列表

指令类别	汇编指令		功能描述
有符号数乘法	MUL	rd, rs1, rs2	将寄存器 rs1 与 rs2 中的 32 位整数相乘,结果的低 32 位写回寄存器 rd 中
	MULH	rd, rs1, rs2	将寄存器 rs1 与 rs2 中的 32 位整数相乘,rs1 与 rs2 中的值都被当作有符号数,结果的高 32 位写回寄存器 rd 中
有符号数无符号数乘法	MULHSU	rd, rs1, rs2	将寄存器 rs1 与 rs2 中的 32 位整数相乘,rs1 中的值被当作有符号数,rs2 中的值被当作无符号数,结果的高 32 位写回寄存器 rd 中
无符号数乘法	MULHU	rd, rs1, rs2	将寄存器 rs1 与 rs2 中的 32 位整数相乘,rs1 与 rs2 中的值都被当作无符号数,结果的高 32 位写回寄存器 rd 中
有符号数除法	DIV	rd, rs1, rs2	将寄存器 rs1 与 rs2 中的 32 位整数相除,rs1 和 rs2 中的值都被当作有符号数,将除法所得到的商写回寄存器 rd 中
	REM	rd, rs1, rs2	将寄存器 rs1 与 rs2 中的 32 位整数相除,rs1 和 rs2 中的值都被当作有符号数,除法所得到的余数写回寄存器 rd 中
无符号数除法	DIVU	rd, rs1, rs2	将寄存器 rs1 与 rs2 中的 32 位整数相除,rs1 和 rs2 中的值都被当作无符号数,除法所得到的商写回寄存器 rd 中
	REMU	rd, rs1, rs2	将寄存器 rs1 与 rs2 中的 32 位整数相除,rs1 和 rs2 中的值都被当作无符号数,将除法所得到的余数写回寄存器 rd 中

2.3.4 F 扩展

浮点运算操作在科学计算、图像处理、机器学习等应用领域无处不在,为了满足不同应用场景的浮点计算需求,RISC-V 指令集中定义了可选实现的单精度浮点数的指令集标准扩展"F",兼容 IEEE 754-2008 算术标准。在 F 扩展中定义了 32 个浮点专用寄存器 f0-f31 以及一个浮点控制和状态寄存器(FCSR),其中 FCSR 保存浮点功能部件的动态舍入模式设置和异常状态设置。

  F 扩展中定义了浮点计算指令和浮点访存指令。浮点计算指令分为数据分类、转移、转换、比较、算术、符号注入指令，浮点数据访存指令包括用于存储器和浮点寄存器堆之间访存数据的 FLW、FSW 指令。浮点计算指令是在浮点通用寄存器和整数通用寄存器的操作数之间进行的，所以浮点计算指令使用 R 指令格式。在 RV32F 指令集中，各指令的汇编格式以及功能描述如表 2-6 所示。

表 2-6 RV32F 指令列表

指令类别		汇编指令		功能描述
浮点计算指令	分类指令	FCLASS.S	rd, rs1	对通用浮点寄存器 rs1 中的单精度浮点数判断，根据其所属类型，生成一个 10 位独热编码结果，结果写回通用整数寄存器 rd
	转移指令	FMV.W.X	rd, rs1	将通用整数寄存器 rs1 中的整数读出，写回通用浮点寄存器 rd
		FMV.X.W	rd, rs1	将通用浮点寄存器 rs1 中的单精度浮点数读出，写回通用整数寄存器 rd
	转换运算	FCVT.S.W	rd, rs1	将通用整数寄存器 rs1 中有符号或无符号整数转换成单精度浮点数，结果写回通用浮点寄存器 rd
		FCVT.S.WU		
		FCVT.W.S	rd, rs1	将通用浮点寄存器 rs1 中单精度浮点数转换成有符号或无符号整数，结果写回通用整数寄存器 rd
		FCVT.WU.S		
	比较运算	FEQ.S	rd, rs1, rs2	若通用浮点寄存器 rs1 中单精度浮点数值等于、小于、小于或等于 rs2 中的值，则结果为 1，否则为 0，结果写回通用整数寄存器 rd
		FLT.S		
		FLE.S		
		FMIN.S	rd, rs1, rs2	将操作数寄存器 rs1 与 rs2 中的单精度浮点数进行比较操作，分别将数值小、数值大的作为结果写回通用浮点寄存器 rd
		FMAX.S		
	算术运算	FMADD.S	rd, rs1, rs2, rs3	将操作数寄存器 rs1, rs2, rs3 中的单精度浮点数进行 rs1×rs2+rs3、rs1×rs2−rs3、−rs1×rs2+rs3、−rs1×rs2−rs3 操作，结果写回通用浮点寄存器 rd
		FMSUB.S		
		FNMSUB.S		
		FNMADD.S		
		FADD.S	rd, rs1, rs2	将操作数存储器 rs1, rs2 中的单精度浮点数进行加法、减法、乘法、除法操作，结果写回通用浮点寄存器 rd
		FSUB.S		
		FMUL.S		
		FDIV.S		

(续)

指令类别		汇编指令		功能描述
浮点计算指令	算术运算	FSQRT.S	rd, rs1	将操作数存储器 rs1 中的单精度浮点数进行开平方根操作,结果写回通用浮点寄存器 rd
	符号注入运算	FSGNJ.S FSGNJN.S FSGNJX.S	rd, rs1, rs2	操作数均为单精度浮点数,结果的符号位分别来自操作数寄存器 rs2 的符号位、寄存器 rs2 的符号位反、寄存器 rs1 的符号位与寄存器 rs2 的符号位异或操作,其他位来自操作数寄存器 rs1,结果写回通用浮点寄存器 rd
浮点访存指令	加载指令	FLW	rd, offset (rs1)	从存储读回单精度浮点数,写回通用浮点寄存器 rd
	存储指令	FSW	rs2, offset (rs1)	将操作数寄存器 rs2 中的单精度浮点数写回存储

2.3.5 C 扩展

本节介绍 RISC-V 压缩指令集标准扩展,即 C 扩展,可以用缩写"RVC"来表示。通过将最频繁使用的指令使用更紧密的短 16 位指令进行编码来减少静态代码的大小和动态取指的带宽,这减少了对指令存储的占用和能量消耗,对成本和功耗敏感的嵌入式处理器来说尤为重要,也可以改善指令缓存不命中的情况。通常,一个程序中 50%～60% 的 RISC-V 指令可以替换为 RVC 指令,这可以使代码规模减小 25%～30%。

RVC 采用了一种简单的压缩方案,提供较短的 16 位版本的常用 32 位 RISC-V 指令,压缩方案如下:

- 立即数或者地址偏移量较小。
- 特定指令的一个源寄存器或者目的寄存器固定为 x0 寄存器、x1 寄存器或者 x2 寄存器。
- 目的寄存器和第一个源寄存器相同。
- 寄存器使用最常用的 8 个寄存器。

C 扩展存在众多的优势,它与所有其他标准指令扩展兼容。C 扩展允许 16 位指令与 32 位指令自由混合,后者可以在任意 16 位边界上启动,即 IALIGN = 16。随着 C 扩展的加入,处理器的任何指令操作都不会引发指令地址不对齐异常。在 RV32C、RV64C 和 RV128C 中,压缩指令编码是最常见的。需要注意的是,C 扩展并不是被设计成一个独立的 ISA，而是要与基础 ISA 一起使用。

接下来介绍 C 扩展的压缩指令格式，表 2-7 给出了 9 种压缩指令格式。CR、CI 和 CSS 可以使用 32 个 RVI 寄存器中的任何一个，但 CIW、CL、CS、CA 和 CB 只能使用其中的 8 个，如表 2-8 所示。注意，有一个单独版本的加载和存储指令，使用堆栈指针作为基本地址寄存器，因为从堆栈中保存和恢复是普遍的，并且它们使用 CI 和 CSS 格式允许访问所有 32 个数据寄存器。CIW 为 ADDI4SPN 指令提供了一个 8 位的立即数指令。浮点访存的压缩指令使用 CL 和 CS 格式，将 8 个寄存器映射到 f8～f15。

表 2-7 16 位 RVC 压缩指令组成格式

格式	含义	15	14	13	12	11	10	9	8	7	6	5	4	3	2	1	0
CR	寄存器类型	colspan funct4				colspan rd/rs1					colspan rs2					colspan op	
CI	立即数类型	colspan funct3			imm	colspan rd/rs1					colspan imm					colspan op	
CSS	堆栈存储类型	colspan funct3			colspan imm						colspan rs2					colspan op	
CIW	宽立即数类型	colspan funct3			colspan imm									colspan rd'			colspan op	
CL	加载类型	colspan funct3			colspan imm			colspan rs1'			colspan imm		colspan rd'			colspan op	
CS	存储类型	colspan funct3			colspan imm			colspan rs1'			colspan imm		colspan rs2'			colspan op	
CA	算术类型	colspan funct6						colspan rd'/rs1'			colspan funct2		colspan rs2'			colspan op	
CB	分支类型	colspan funct3			colspan offset			colspan rs1'			colspan offset					colspan op	
CJ	跳转类型	colspan funct3			colspan jump target													colspan op	

表 2-8 CIW、CL、CS、CA 和 CB 格式对应的寄存器

RVC 寄存器编号	000	001	010	011	100	101	110	111
整数寄存器编号	x8	x9	x10	x11	x12	x13	x14	x15
整数寄存器 ABI 名称	s0	s1	a0	a1	a2	a3	a4	a5
浮点寄存器编号	f8	f9	f10	f11	f12	f13	f14	f15
浮点寄存器 ABI 名称	fs0	fs1	fa0	fa1	fa2	fa3	fa4	fa5

该格式的设计是为了在所有指令中将两个寄存器源指示保持在同一位置，而目的寄存器字段可以移动。当存在完整的 5 位目标寄存器指定符时，它与 32 位 RISC-V 编码的位置相同。当立即数是符号扩展时，符号扩展总是从第 12 位开始。在基础规范中，立即字段被打乱以减少所需要的立即数指定符的位数。对于许多 RVC 指令来说，不允许使用

立即数 0，并且 x0 不是有效的 5 位寄存器指定符。这些限制为其他需要更少操作数位的指令腾出了编码空间。

RVC 编码映射表如表 2-9 所示，表的每一行对应编码空间的一个象限。最后一个象限仅由两个最低有效位设置，对应的指令宽度大于 16 位，包括基本 ISA 中的指令。一些指令只对某些特定的操作有效，当无效时，它们被标记为 Reserved，以表明操作码被保留给未来的标准扩展。对于不同的指令集实现，存在相同的指令译码对应于不同的指令。以 RV32 为例，对于 00 象限，支持的指令只有 ADDI4SPN、FLD、LW、FLW、FSD、SW、FSW，100 作为保留可忽略该部分译码操作。

表 2-9 RVC 编码映射表

inst[15:13] inst[1:0]	000	001	010	011	100	101	110	111	指令集
00	ADDI4SPN	FLD	LW	FLW	Reserved	FSD	SW	FSW	RV32
		FLD		LD		FSD		SD	RV64
		LQ		LD		SQ		SD	RV128
01	ADDI	JAL	LI	LUI/ ADDI16SP	MISC-ALU	J	BEQZ	BNEZ	RV32
		ADDIW							RV64
		ADDIW							RV128
10	SLLI	FLDSP	LWSP	FLWSP	J[AL]R/MV/ADD	FSDSP	SWSP	FSWSP	RV32
		FLDSP		LDSP		FSDSP		SDSP	RV64
		LQSP		LDSP		SQSP		SDSP	RV128
11	>16b								

2.3.6 Zifencei 扩展

本节介绍 Zifencei 扩展，它包括 FENCE.I 指令，该指令提供了同一个处理器内核中写指令内存空间和读指令内存空间之间的显式同步，即读取的指令总是最新写入的指令。该指令目前是确保指令内存存储和读取都对处理器内核可见的唯一标准机制。对于 FENCE.I 指令来说，其指令格式如图 2-1 所示，FENCE.I 中未使用的字段 imm [11:0]、rs1 和 rd 在将来的扩展中保留给更细粒度的 FENCE 操作。由于前向兼容性，基础实现忽略这些字段，标准软件应将这些字段置 0。

31	20	19　15	14　12	11　7	6　0
imm[11:0]		rs1	funct3	rd	opcode
12		5	3	5	7
0		0	FENCE.I	0	MISC-MEM

图 2-1　FENCE.I 指令格式

FENCE.I 指令用于同步指令和数据流。在执行 FENCE.I 指令之前，对于同一个处理器内核，RISC-V 不保证用存储指令写到内存指令区的数据可以被取指令取到。使用 FENCE.I 指令后，对同一处理器内核，可以确保指令读取是最近写到内存指令区域的数据。但是，FENCE.I 不保证其他 RISC-V 处理器内核的指令读取也能够满足读写一致性。如果要使写指令内存空间对所有的处理器内核都满足一致性要求，需要执行 FENCE 指令。FENCE.I 只能保证同一个处理器内核（硬件线程）执行的指令流和数据流顺序，不能保证多个处理器内核之间的指令流和数据流访问。

如果在程序中添加一个 FENCE.I，则该指令能够保证 FENCE.I 之前所有指令的访存结果都能被 FENCE.I 之后的所有指令访问到。通常说来，当处理器的微结构硬件实现时，一旦遇到一条 FENCE.I 指令，便会先等到之前的所有访存指令执行完，然后再冲刷流水线，包括 icache，这使其后的所有指令，能够重新取指，从而得到最新的值。

2.3.7　Zicsr 扩展

本节介绍每个处理器内核关联的控制和状态寄存器的指令集标准扩展，也就是 Zicsr 扩展。RISC-V 定义了与每个处理器内核关联的 4096 个控制和状态寄存器（CSR）的单独地址空间。接下来介绍这些 CSR 全部的 CSR 指令操作。

首先介绍 CSR 指令，所有的 CSR 指令都是原子化地读或写一个 CSR，如图 2-2 所示，其 CSR 指示符编码在指令的 12 位 csr 字段中，位数为 20 ~ 31。立即数形式使用 rs1 字段中编码的 5 位零扩展立即数。

31	20	19　15	14　12	11　7	6　0
csr		rs1	funct3	rd	opcode
12		5	3	5	7
source/dest		source	CSRRW	dest	SYSTEM
source/dest		source	CSRRS	dest	SYSTEM
source/dest		source	CSRRC	dest	SYSTEM
source/dest		uimm[4:0]	CSRRWI	dest	SYSTEM
source/dest		uimm[4:0]	CSRRSI	dest	SYSTEM
source/dest		uimm[4:0]	CSRRCI	dest	SYSTEM

图 2-2　CSR 指令格式

Zicsr 扩展总共存在 6 条 CSR 操作指令，如表 2-10 所示。

表 2-10　Zicsr 指令列表

汇编指令		功能描述
CSRRW	rd, csr, rs1	CSR 值读出，写回结果寄存器 rd 中。将 rs1 中的值写入 CSR 中
CSRRS	rd, csr, rs1	CSR 值读出，写回结果寄存器 rd 中。以 rs1 中的值逐位为参考，若 rs1 中某数位为 1，则 CSR 中对应数位置 1，其他位不受影响
CSSRC	rd, csr, rs1	CSR 值读出，写回结果寄存器 rd 中。以 rs1 中的值逐位为参考，若 rs1 中某数位为 1，则 CSR 中对应数位清 0，其他位不受影响
CSRRWI	rd, csr, imm[4:0]	CSR 值读出，写回结果寄存器 rd 中。5 位立即数高位补 0 扩展值写入 CSR 中
CSRRSI	rd, csr, imm[4:0]	CSR 值读出，写回结果寄存器 rd 中。5 位立即数高位补 0 扩展值逐位为参考，若该值某数位为 1，CSR 中对应数位置 1，其他位不受影响
CSRRCI	rd, csr, imm[4:0]	CSR 值读出，写回结果寄存器 rd 中。5 位立即数高位补 0 扩展值逐位为参考，若该值某数位为 1，CSR 中对应数位清 0，其他位不受影响

前文所述的指令存在相应的伪指令。读取 CSR 的汇编器伪指令 CSRR rd，csr；写回 CSR 的汇编程序伪指令 CSRW csr，rs1，CSRWI csr，uimm。进一步定义汇编器伪指令，利用 CSRS / CSRC csr，rs1 或者 CSRSI / CSRCI csr，uimm 指令设置并清除 CSR 的某些数位。汇编伪指令对应的汇编指令如表 2-11 所示。

表 2-11　汇编伪指令与对应汇编指令列表

汇编伪指令		对应汇编指令	
CSRR	rd, csr	CSRRS	rd, csr, x0
CSRW	csr, rs1	CSRRW	x0, csr, rs1
CSRS	csr, rs1	CSRRS	x0, csr, rs1
CSRC	csr, rs1	CSRRC	x0, csr, rs1
CSRWI	csr, uimm	CSRRWI	x0, csr, uimm
CSRSI	csr, uimm	CSRRSI	x0, csr, uimm
CSRCI	csr, uimm	CSRRCI	x0, csr, uimm

2.3.8　特权架构

RISC-V 的特权架构定义了处理器的特权模式和相关的内存保护机制，包含特权指令以及运行操作系统和连接外设的功能。RISC-V 的特权架构分为三个特权模式：用户模式

U，监管者模式 S 和机器模式 M。

用户模式 U：用户模式是最低的特权模式，运行在这个模式的程序无法直接访问系统资源（如 I/O 设备）和敏感的 CSR，用户模式通常用于运行应用程序。

监管者模式 S：监管者模式是中等特权模式，主要用于运行操作系统的内核。监管者模式拥有一定的系统资源访问权限，可以执行某些特权指令，具备基本的异常处理和虚拟内存管理的能力。

机器模式 M：机器模式是最高的特权模式，具有对整个系统的完全控制权限，是 RISC-V 硬件平台必须实现的特权模式。在 RISC-V 架构中，机器模式用于运行固件、引导加载程序和底层系统软件，可以直接访问所有的系统资源和 CSR，执行所有特权指令。此外，机器模式还负责处理异常以及系统重置和初始化。

RISC-V 的特权架构设计旨在实现对系统资源的有效保护和访问控制，同时为操作系统和应用程序提供一种可扩展、灵活的硬件支持。在特权架构实现中，机器模式为必选特权模式，许多嵌入式系统只需要实现机器模式便可以满足需要，另外两种为可选特权模式。通过不同的特权模式组合可以实现不同用途的硬件系统，如表 2-12 所示。

表 2-12　RISC-V 特权模式及其应用场景

特权模式数量	支持的特权模式	意向用途
1	M	简单的嵌入式系统
2	M，U	安全的嵌入式系统
3	M，S，U	支持类 UNIX 操作系统的硬件系统

M、S、U 等特权模式的实现需要控制和状态寄存器（CSR）的支持。在 RISC-V 架构中，CSR 有独立的 12 位地址空间，是处理器内部除通用寄存器以外的重要结构寄存器，并在不同的特权模式下定义了若干不同的 CSR，可以在较高特权模式下访问较低特权模式的 CSR。CSR 负责不同特权模式下的中断和异常、系统性能监测、系统信息、debug 操作、存储保护、浮点运算等机制的配置和状态信息显示。RISC-V 架构定义了 CSRRW、CSRRS、CSRRC 等指令来原子性地读改写 CSR，从而支持处理器的不同特权模式、中断、异常、虚拟存储管理等机制的有机结合，使得处理器运行更加安全、使用更加便捷。

2.4 RISC-V 开源项目

相比于其他商业化处理器架构，RISC-V 的开放性、灵活性和可扩展性使其在硬件设计、芯片制造、系统集成等方面更加灵活和自由，越来越多的企业、组织和个人通过参与 RISC-V 开源生态来开发和定制适合自己需求的处理器，从嵌入式系统到高性能计算，从教育到工业应用，产生了许多优秀的开源处理器项目，涵盖了从芯片设计到编译器、操作系统、开发板等完整的软件和硬件解决方案，RISC-V 开源生态正在逐渐发展和壮大。

下面将对加州大学伯克利分校、PULP 组织、OpenHW 组织、lowRISC 组织、平头哥、北京开源芯片研究院、印度理工学院马德拉斯分校等机构的开源处理器项目进行简要介绍，包括它们的特点、优势和应用领域等，如表 2-13 所示。由于 RISC-V 的开放性和活跃性，很多不同的项目不断涌现，本节的介绍只是其中的一部分，希望读者能够通过本节的介绍对 RISC-V 开源生态有一个初步的了解。

表 2-13 RISC-V 开源处理器项目简介

研发机构	开源处理器项目	简介
加州大学伯克利分校	Rocket Core	64 位、单发射、顺序执行、5 级流水线
	BOOM	64 位、超标量、乱序执行、高可配置性
	Rocket Chip	SOC 设计生成器
PULP 组织	Snitch	32 位、单发射、顺序执行、1 级流水线
	RI5CY	32 位、单发射、顺序执行、4 级流水线
	Zero-riscy	32 位、单发射、顺序执行、2 级流水线
	Ariane	64 位、单发射、顺序执行、6 级流水线
OpenHW 组织	CVE20	32 位、单发射、顺序执行、2 级流水线
	CV32E40P	均源于 PULP 组织的 RI5CY 项目，体系结构大致相同，但针对不同应用领域做了针对性设计
	CV32E40S	
	CV32E40X	
	CV32E41P	
	CVA5	32 位、单发射、顺序执行、5 级流水线
	CVA6	32/64 位、单发射、顺序执行、6 级流水线
	CVW	32/64 位、单发射、顺序执行、5 级流水线

(续)

研发机构	开源处理器项目	简介
lowRISC 组织	Ibex	32 位、单发射、顺序执行、2 级流水线
	OpenTitan	第一款硅信任根安全芯片
平头哥	XuanTie E902	32 位、单发射、顺序执行、2 级流水线
	XuanTie E906	32 位、单发射、顺序执行、5 级流水线
	XuanTie C906	64 位、单发射、顺序执行、5 级流水线
	XuanTie C910	64 位、3 发射、乱序执行、12 级流水线
北京开源芯片研究院	XiangShan	64 位、6 发射、乱序执行、11 级流水线
印度理工学院马德拉斯分校	SHAKTI	印度的第一款国产微处理器，是一个满足不同市场和性能需求的处理器家族

2.4.1 加州大学伯克利分校

RISC-V 指令集最初是由加州大学伯克利分校（University of California Berkeley，UCB）的研究团队在 2010 年开始开发的用于处理器设计和研究的新一代指令集体系结构。UCB 的体系结构研究人员基于 RISC-V 指令集进行了一系列处理器内核的开发工作，并陆续开源了 Rocket Core、BOOM 这两款处理器内核生成器以及一款 SOC 设计生成器 Rocket Chip。

Rocket Core 是一款使用 Chisel 语言开发、实现了 RV64G 指令集的 5 级顺序执行流水线的标量处理器内核生成器，它具有虚拟内存、非阻塞缓存和分支预测等功能特性，并且支持 M、S、U 等特权模式。对于分支预测，Rocket Core 的分支目标缓存 BTB、分支历史表 BHT 和返回地址栈 RAS 等均是可配置的。此外，Rocket Core 的 M、A、F、D 指令集标准扩展、浮点运算部件的流水线级数、cache 和 TLB 的大小均是可以配置的。

BOOM（Berkeley Out-of-Order）Core 是一款使用 Chisel 语言开发、实现了 RV64G 指令集的乱序超标量处理器内核生成器，其设计借鉴和吸收了许多 MIPS R10000 和 Alpha 21264 的特点，为深入研究乱序超标量处理器内核的微结构提供了基准参考。BOOM Core 利用分支目标缓存 BTB、返回地址栈 RAS 和分支预测器实现了全分支预测，并且其 LOAD 操作和 STORE 操作可以实现乱序执行。类似于 Rocket Core，BOOM Core 的取指、译码、发射和提交的宽度以及功能单元、cache、浮点运算部件等均是可以配置的。

Rocket Chip 是 UCB 的体系结构研究人员以便利技术研究和工业应用为目的开发的一款 SOC 可综合 RTL 代码生成器。不同于固定的 SOC 设计的例化，Rocket Chip 充分发挥 Chisel 硬件描述语言在参数化配置方面的优势，可以集成多种内核、cache 和互联总线到同一个 SOC 上，可以生成一系列不同的 SOC 设计方案。Rocket Chip 可以使用多种通用处理器内核，例如 Rocket Core 和 BOOM 等。对于希望探索提升处理器执行效率的 SOC 设计者来说，Rocket Chip 支持使用指令集标准扩展的自定义加速器、协处理器或者其他类型处理器内核的集成。Rocket Chip 生成的 SOC 设计已经通过了多次流片的检验，基于其构建的硬件系统能够稳定运行 Linux 系统。

2.4.2 PULP 组织

PULP（The Parallel Ultra Low Power Platform）是瑞士苏黎世联邦理工学院与意大利博洛尼亚大学的研究人员在 2013 年为探索面向超低功耗处理的体系结构而成立的全球非营利开源组织，该组织的目标是开发出开放、可扩展的、能够在毫瓦级别运行的软硬件平台，满足需要灵活处理多种传感器数据的 IOT 应用的计算需求，如加速度计、低分辨率相机、麦克风阵列和生命探测仪等设备。

PULP 组织陆续开发了 Snitch、RI5CY、Ariane、Zero-riscy 等多款基于 RISC-V 架构的处理器内核。Snitch 是一款基于 RV32[E|I] 指令集并且追求最小面积和高能量效率的 32 位顺序执行单级流水线的标量处理器，它具有较高的可配置性和广泛的应用范围，覆盖从单核控制应用场景到大型多核的超算领域。随着所开发开源项目的数量逐渐增加，为了聚焦精力在主要研究方向，PULP 将其开发的多款开源处理器项目移交给其他硬件开源组织进行维护，例如将 RI5CY、Ariane 移交给 OpenHW 组织，Zero-riscy 移交给 lowRISC 组织，这几款开源处理器项目将在后面的内容中介绍。

此外，PULP 组织还开发了 AXI 总线解决方案、DMA 驱动、各种外设、微控制器 SOC 设计等开源项目。

2.4.3 OpenHW 组织

OpenHW 是由其成员和个人贡献者组成的非营利性的全球开源硬件组织，硬件工程师和软件工程师参与该组织协作开发开源处理器内核及相关的 IP、工具和软件等，OpenHW 组织提供了行业最佳的高质量开源硬件开发的基础设施。CORE-V 系列 RISC-V

开源处理器内核是 OpenHW 组织开发和维护的主要开源处理器项目,包括应用级和嵌入式级两类,CORE-V 系列的目标是提供符合行业标准的内核 IP,以促进设计的快速创新和推动 SOC 设计开发,CORE-V 系列处理器内核的开发路线图如图 2-3 所示。

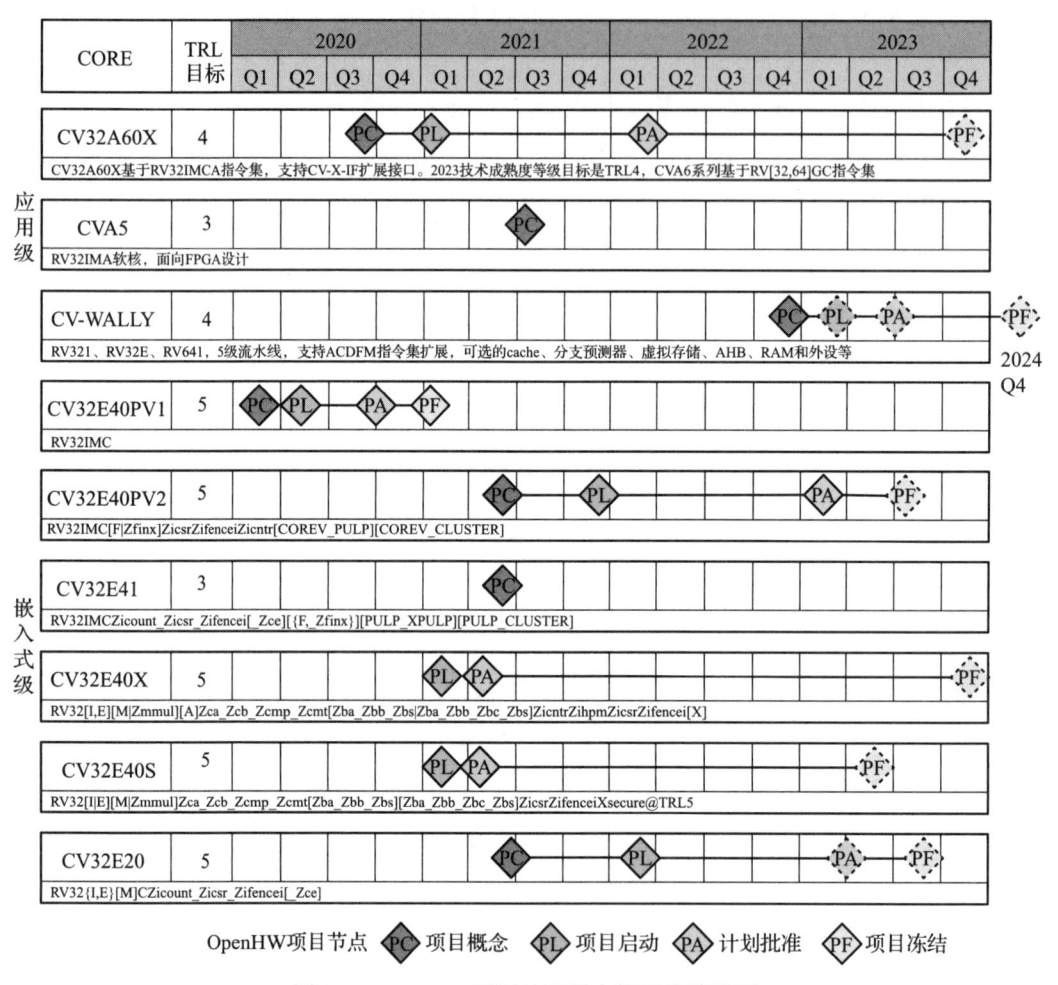

图 2-3 CORE-V 系列处理器内核开发路线图

CORE-V 系列应用级处理器主要有 CVA5、CVA6 和 CVW 等三款。CVA5 是基于 RV32IMA 指令集的面向 FPGA 设计的处理器内核,其用 SystemVerilog 语言开发,拥有高度的可扩展性和可配置性,CVA5 的流水线支持并行、流水线长度可变的执行单元和其他新开发执行单元的集成。CVA6 最初源于 PULP 组织的 Ariane 处理器项目,是基于 RV32GC 或 RV64GC 指令集的顺序执行、6 级流水线的标量处理器内核,支持 M、S、U

等特权模式，能够满足类 UNIX 操作系统的运行，CVA6 的 PTW、TLB 以及分支预测器各部件均是可以配置的。CVW（CORE-V Wally）是基于 RV32I、RV32E 或 RV64I 基础指令集和 A、C、D、F、M 指令集标准扩展的顺序执行、5 级流水线的标量处理器内核，支持可配置的 cache、分支预测器、虚拟存储、AHB 总线和外设等，CVW 主要面向教学使用，并且配备了计算机体系结构的教材和课程。

CORE-V 系列嵌入式级处理器主要有 CVE20 等 2 级流水线内核和 CV32E40P、CV32E40S、CV32E40X、CV32E41P 等 4 级流水线内核。CVE20 源于 lowRISC 组织的 Ibex 项目，与 Ibex 项目的最初源头 PULP 组织的 Zero-riscy 项目目标一致，同样追求低功耗的设计目标，是一款基于 RV32[E|I][M]C 指令集的低复杂度、低功耗的顺序执行 2 级流水线的处理器内核，在控制、低计算密度的应用领域具有较高的能量效率，其设计已经经过了工业级别的验证和多次流片的检验。CV32E40P、CV32E40S、CV32E40X、CV32E41P 这四款处理器内核均源于 PULP 组织的 RI5CY 开源处理器项目，RI5CY 内核最初是基于 OpenRISC 指令集开发、由 PULP 组织维护的，后来改用 RISC-V 指令集实现并移交 OpenHW 组织维护，RI5CY 内核拥有 32 位顺序执行 4 级流水线结构，这四款处理器内核的流水线结构相似，仅有些许不同，它们针对不同的应用领域进行了针对性的设计，实现了不同指令集标准扩展。CV32E40P 基于 RV32IM[F|Zfinx]C 指令集和硬件循环、SIMD、位操作、后增等自定义 DSP 扩展指令，实现了较高的代码密度、性能和能量效率；CV32E40X 主要面向计算密集型应用，并且提供了支持自定义指令的通用扩展接口；CV32E40S 主要面向安全应用领域，其提供了 M、U 等特权模式、增强型 PMP 机制和其他多种防篡改安全特性；CV32E41P 基于 CV32E40P 开发，在 CV32E40P 基础上增加了 Zfinx、Zce 指令集标准扩展的实现。

2.4.4 lowRISC 组织

lowRISC 组织最初源于英国剑桥大学的计算机实验室，是一家聚集了软件工程师、硬件工程师和全栈技术专家的全球非营利组织，其致力于开发和维护处理器内核和 SOC 设计、硬件安全、芯片验证、RISC-V 工具和 LLVM 编译器等软硬件开源项目，并提供下一代处理器产品开发所必要的验证、高质量 IP 和工具等基础设施。

Ibex 最初源于 PULP 组织的 Zero-riscy 项目，是基于 RV32[I|E]MCB 指令集的 2 级流水线处理器内核，它使用 SystemVerilog 语言开发，具有很强的可扩展性，很适合应用在

嵌入式控制场景中。Ibex 是一个高质量的处理器内核开源项目，开源了 RTL 代码、基于 UVM 的全套验证环境、文档资料和开发工具等，并且已经经过了充分的验证和多次流片的检验。

OpenTitan 项目是 lowRISC 组织与谷歌、苏黎世联邦理工学院、西部数据等商业和学术机构协作开发机制的成功范例，是第一个为硅信任根芯片构建透明、高质量参考设计和集成指针的开源项目。为了加强服务器底层的硬件安全防护，谷歌最初开发出 Titan 硅信任根芯片来保障云基础设施的启动安全，后来开源成 OpenTitan 项目，由 lowRISC 组织协同谷歌及其他商业和学术伙伴共同管理和维护，OpenTitan 中有 Ibex 内核和非对称加密算法协处理器内核 OTBN 这两个处理器内核。

此外，lowRISC 组织的 64 位 SOC 设计原型项目目前基于 Rocket 内核，基于 Ariane 内核的开发也正在进行中，该项目提供了面向 FPGA 开发的 SOC 发行版本、开源外设以及相关的文档等，lowRISC 组织致力于提供与闭源 IP 相同质量的开源 IP 的完整设计。lowRISC 组织还领导着 RISC-V LLVM 的上游工作，提供一个高质量的软件栈是对开源硬件、新型安全机制和设计后灵活性等工作的重要补充，lowRISC 组织正帮助 RISC-V 开源标准被采用并持续推动 RISC-V 开源社区向着高质量开源方向发展。

2.4.5 平头哥

平头哥半导体有限公司是阿里巴巴集团旗下的半导体芯片企业，它积极参与 RISC-V 生态的构建。在国际标准建设中，平头哥领导了其中的 11 个主要技术小组，推动了 29 个技术方向的标准制定，是公认推动 RISC-V 国际标准建设的最大的中国机构。为了推动 RISC-V 生态的构建和体系结构研究，平头哥开源了其旗下四款覆盖低、中、高端应用场景的玄铁系列 E902、E906、C906 和 C910 等处理器。

E902 基于 RV32E[M]C 指令集，采用顺序执行的 2 级极简流水线并对执行效率等方面进行了增强，可进一步选配安全执行环境以增强系统安全性，适用于对功耗和成本极其敏感的 IOT、MCU 等领域。E906 基于 RV32IMA[F][D]C[P] 指令集，采用单发射顺序执行的 5 级整型流水线，并可选性能优异的单精度或单双精度浮点单元以及 32 位标量 DSP 计算单元，适用于无线接入、音频、TWS、中高端 MCU、导航等应用领域。C906 基于 RV64IMA[F][D]C[V] 指令集，采用单发射顺序执行的 5 级整型流水线，并可选性能优异的单双精度浮点和 128 位矢量运算单元，标配内存管理单元，可运行 Linux 等操作系统，适用于消费类 IPC、多媒体、消费类电子等应用领域。C910 基于 RV64GC 指令集，采用 3 发射、8 执行深度乱序执行的 12 级流水线，并针对算术运算、内存访问以及多核同步等方面进行了增强，配有单/双精度浮点单元，可进一步选配面向矢量运算引擎，同时标配内存管理单元，可运行 Linux 等操作系统，适用于人工智能、5G、边缘服务器等对性能要求很高的应用领域。

2.4.6 北京开源芯片研究院

"香山"高性能开源 RISC-V 处理器项目由中国科学院计算技术研究所在 2019 年发起，致力于打造面向世界的体系结构创新开源平台，服务于工业界、学术界、个人爱好者等的体系结构研究需求，同时探索高性能处理器的敏捷开发流程，建立一套基于开源工具的高性能处理器设计、实现、验证流程，大幅提高处理器开发效率、降低处理器开发门槛。"香山"是 64 位 6 发射乱序执行的处理器，性能对标 ARM Cortex-A76。目前，"香山"处理器已经过雁栖湖架构、南湖架构的两版迭代，目前香山第 3 版昆明湖架构正在开发中，"香山"处理器是目前国际上性能最高的开源高性能 RISC-V 处理器核，是国际上最受关注的开源硬件项目之一。2021 年 12 月，在中科院和北京市的大力支持下，组织国内一批行业龙头企业和科研院所成立北京开源芯片研究院，围绕"香山"进行联合开发，形成示范应用，加速 RISC-V 生态建设。

2.4.7 印度理工学院马德拉斯分校

SHAKTI 处理器最初是印度理工学院马德拉斯分校（IIT-Madras）在 2014 年发起的学术研究项目，目标是提供产品级别的处理器、完整的 SOC 设计、开发板以及基于 SHAKTI 的软件平台，这是印度的第一款国产微处理器，它完全开源，致力于消除学术界和工业界的鸿沟以及提供创新和免费的个性化解决方案。

SHAKTI 处理器项目是满足不同市场和性能需求的处理器家族，包含单核处理器系列、多核处理器系列、试验性处理器系列等处理器。在单核处理器系列中，E-Class 处理器是顺序执行的 3 级流水线结构，瞄准低功耗、低计算需求的应用，能够运行 RTOS 操作系统，面向物联网、电机控制以及机器人平台等嵌入式应用领域；C-Class 处理器是高度优化的顺序执行的 5 级流水线结构，支持 MMU，能够运行 Linux 和 Sel4 操作系统，能够以 0.5GHz 到 1.5GHz 的频率运行中等的计算或控制应用负载；I-Class 处理器拥有乱序执行、多线程、分支预测、非阻塞缓存以及深度流水线等高性能技术特性，面向移动计算、存储和网络应用，目标频率是1.5GHz到2.5GHz。在多核处理器系列中，M-Class处理器面向桌面端主流消费级市场，最多支持八核心，可以是I-Class或C-Class内核的组合，其设计目标是提供高性能、低功耗和高可靠性的解决方案，适合运行操作系统、图形界面和应用程序；S-Class处理器面向工作站和企业级服务器应用负载，最大支持32核，其基本内核是支持双核多线程的增强型I-Class处理器内核；H-Class处理器面向高度并行企业级、高性能计算和分析应用负载，具有高单线程性能，可选四级缓存，支持Gen-Z Fabric互连总线和存储级内存，其设计目标是提供高吞吐量、低延迟和高可扩展性的解决方案，适合运行大规模并行计算、机器学习和人工智能等任务。在试验性处理器系列中，T-Class处理器是增加了轻量级安全扩展的处理器，可以防范缓冲区溢出等存储攻击；F-Class处理器是探索提高可靠性和容错性技术的处理器，可以包容软件或硬件等错误，特别适合在辐射环境（如太空和核应用）中使用。

2.5 本章小结

本章对RISC-V架构进行了全面介绍，从RISC-V架构与加州大学伯克利分校的历史渊源和兴起说起，又介绍了RISC-V架构在技术、生态、知识产权等多方面的优势。之后对RISC-V架构的非特权架构各指令集模块和特权架构进行了详细介绍。最后介绍了当前知名的RISC-V处理器开源项目，从多角度向读者展现了当前RISC-V架构的生机和活力。RISC-V生态正日益壮大，有望成为继x86、ARM之后的第三种主流指令集架构。

CHAPTER 3

第 3 章

SpringCore 体系结构

本章将主要介绍代号为 SpringCore 的 RISC-V 架构 DSP 内核的指令集和体系结构设计。该内核是项目组研发的第一款 RISC-V 架构 DSP 内核，将其命名为 SpringCore，是希望它能够像春天一样富有生命力，蓬勃发展。同时 SpringCore 一个非常重要的应用场景是新能源，低碳和环保也是春天的色调。以此为基础，项目组规划了"四季"系列 DSP 内核，除 SpringCore 之外，还包括 SummerCore、AutumnCore 和 WinterCore。这四个系列大致区分为：SpringCore 为单发射结构、SummerCore 采用 VLIW 技术、AutumnCore 支持向量、WinterCore 则主要侧重极低功耗。本书围绕 SpringCore 展开，本章将全面介绍 SpringCore 指令集设计思路和体系结构。

3.1 设计目标

SpringCore 采用 RV32IMFCX 指令集架构，目标是设计一款面向实时控制应用领域的 RISC-V 架构 DSP 内核，其性能可与 TI 的 C28x 内核相当，对比 C28x 内核的主要特征，项目组定义了 SpringCore 的主要特征。

处理器特征：

❏ RISC-V 架构。
❏ 支持整型、定点计算类型。

- 支持 32 位单精度数据类型。
- 支持 32 个整型 X0～X31 通用寄存器。
- 支持 32 个浮点 F0～F31 通用寄存器。
- 硬件 RAW 和 WAR 相关判断。
- 支持 RISC-V Debug 0.13.2 调试标准,可以进行设置断点、单步等操作。
- 定制化指令加速关键性能路径。
- 快速切换上下文进行实时处理加速。
- 16 位压缩指令。

存储特征:

- 私有的快速程序空间 PMEM 和数据空间 DMEM。
- 外部 master 可进行 DMEM 的初始化。
- 32 位地址可寻址空间。

3.2 数字信号处理算法

在实时数字信号处理中,最为常用的计算是快速傅里叶变换、有限冲激响应(Finite Impulse Response,FIR)滤波和无限冲激响应(Infinite Impulse Response,IIR)滤波等。DSP 的指令集和体系结构需要高效支持上述运算。SpringCore 为浮点 DSP 内核,为此,项目组选取了浮点数字信号处理算法用于提取计算特征,进而确定指令集和体系结构,并作为基准算法来评估最终处理器的性能。

项目组选取的浮点快速傅里叶变换算法如表 3-1 所示。

表 3-1　浮点快速傅里叶变换算法

算法名称	功能描述
CFFT_f32_brev	按位反序重新排列一个 N 点复数数据集。该算法按顺序读取 2^n 点复数数据样本,并按输入序号的位反序将其重新排序写入,以满足复数 FFT 的位反转要求
CFFT_f32_mag	计算复数 FFT 的幅度谱。该算法将复数 FFT 结果中的每个频率分量(复数值)转换为对应频率分量的振幅值,以便获得信号在频域的幅度信息,并将结果存储在计算缓冲区或专用数组中

（续）

算法名称	功能描述
CFFT_f32_phase	计算复数 FFT 的相位。该算法将复数 FFT 结果中的每个频率分量（复数值）转换为对应频率分量的相位信息，以便获得信号在频域上的相位特征，并将结果存储在计算缓冲区或专用数组中
CFFT_f32_sincostable	生成复数 FFT 的旋转因子。该算法将生成复数 FFT 的旋转因子，FFT 计算时可直接使用对应的参数，减少计算量，提高计算效率
CFFT_f32_unpack	将 N 点复数 FFT 的输出解包以获得 $2N$ 点实数序列的 FFT。为了得到一个 N 点实数序列的 FFT，将输入视为一个 $N/2$ 点复序列
CFFT_f32	计算复数 FFT。该算法计算 N 个点（$N = 2^n$，$n = 5:10$）复数输入的 32 位浮点 FFT，其输入为经过位反序的复数序列，FFT 算法用于将时域信号转换为频域信号，以分析信号的频率
ICFFT_f32	计算逆变换复数 FFT。该算法计算 N 个点（$N = 2^n$，$n = 5:10$）复数输入的 32 位浮点逆变换 FFT，它使用正向 FFT 来实现，首先交换输入的实部和虚部，运行正向 FFT，然后交换输出的实部和虚部以获得最终结果
RFFT_f32_mag	计算实数 FFT 的幅度。该算法计算实数 FFT 输出的振幅信息，并将结果存储在计算缓冲区或专用数组中
RFFT_f32_phase	计算实数 FFT 的相位。该算法计算实数 FFT 输出的相位信息，并将结果存储在计算缓冲区或专用数组中
RFFT_f32_sincostable	生成实数 FFT 的旋转因子。该算法将生成实数 FFT 的旋转因子，FFT 计算时通过直接获取参数，减少计算量，提高计算效率
RFFT_f32_win	用于 32 位实数 FFT 的窗口函数。该算法使用 FFT 模块的输入数据和窗口系数对计算缓冲区中的数据进行窗口处理
RFFT_f32	计算实数 FFT。该算法计算 N 个点（$N = 2^n$，$n = 5:10$）实数输入的 32 位单精度浮点 FFT。在阶段 1、2 和 3 的计算中按位逆序重新排列输入，以乒乓方式使用两个缓冲区，即在每个 FFT 阶段之后，输出和输入缓冲区分别成为下一个阶段的输入和输出缓冲区

项目组选取的浮点滤波算法如表 3-2 所示。

表 3-2 浮点滤波算法

算法名称	功能描述
FIR_f32_calc	计算有限冲激响应滤波。该算法通过将输入信号与滤波器的冲激响应进行卷积来计算
IIR_f32_calc	计算无限冲激响应滤波。该算法实现的是转置直接 II 型结构的 IIR 滤波器

3.3 指令集

3.3.1 支持的数据类型

SpringCore 支持定点和单精度浮点两种数据类型。对定点指令来说,内部运算主要是 32 位数据类型,此外,DMAC 类指令支持 16 位数据类型,访存指令除支持 32 位数据类型外,同时支持有/无符号的 8 位和 16 位数据类型,定点指令具体支持的数据类型如表 3-3 所示。

表 3-3 定点数据类型支持

数据位宽	数据类型	描述
8 位	有符号数 S8	通过 LB 指令从存储器加载,有符号扩展到 32 位 通过 SB 指令从寄存器写入存储器
	无符号数 U8	通过 LBU 指令从存储器加载,无符号扩展到 32 位 通过 SB 指令从寄存器写入存储器
16 位	有符号数 S16	通过 LH 指令从存储器加载,有符号扩展到 32 位 通过 SH 指令从寄存器写入存储器 DMAC 指令支持 S16 乘法
	无符号数 U16	通过 LHU 指令从存储器加载,无符号扩展到 32 位 通过 SH 指令从寄存器写入存储器
32 位	有符号数 S32	绝大多数指令如未加特殊说明为有符号操作 通过 LW 指令从存储器加载 通过 SW 指令从寄存器写入存储器
	无符号数 U32	部分指令如比较指令 BLTU、乘法指令 MULHSU、除法指令 DIVU 等支持无符号数据类型操作 存储操作同 S32,通过 LW 指令从存储器加载 通过 SW 指令从寄存器写入存储器

对单精度浮点数据类型来说,编码遵循 IEEE 二进制浮点数算术标准(IEEE 754-2008)。具体如表 3-4 所示,由 1 位符号数、8 位指数位和 23 位尾数位组成。

表 3-4 IEEE 754-2008 单精度浮点数据表示

31	30	29	28	27	26	25	24	23	22	21	20	19	18	17	16	15	14	13	12	11	10	9	8	7	6	5	4	3	2	1	0
s	指数位								尾数位																						
1 位	8 位								23 位																						

3.3.2 结构寄存器

SpringCore 基础指令支持 RISC-V RV32IMCF 指令集。其中 RV32IMC 使用 32 个 32 位 X 寄存器，记为 X0～X31，其中 X0 硬件连接为 0，X1～X31 为普通的通用整数寄存器。RV32F 增加了 32 个通用单精度浮点寄存器，记为 F0～F31，位宽为 32 位。

SpringCore-X 扩展指令部分为了支持乘加（Multiply ACcumulate，MAC）类运算，增加两个专用寄存器 MR0/MR1（Multiply-accumulate Register，MR），位宽为 40 位。相应定义专用指令 MV.X.MR 和 MV.MR.X 用于 MR 寄存器和通用寄存器之间数据搬移。MAC 类指令运算过程中，乘积直接累加到累加寄存器（MR），不损失数据精度。从 MR 搬移到通用寄存器时根据 SA 值对 MR 做移位操作。所有支持的结构寄存器如表 3-5 所示。

表 3-5　SpringCore 支持的结构寄存器

寄存器	数量	位宽	用途
X	32	32	RV32IMC 标准定义的通用定点寄存器
F	32	32	RV32F 标准定义的通用单精度浮点寄存器
MR	2	40	SpringCore-X 乘加运算专用寄存器

3.3.3 控制和状态寄存器

RISC-V 架构定义了一些控制和状态寄存器（Control and Status Register，CSR），用于配置或指示程序运行状态。这些寄存器使用专用的 12 位编码空间，对应最多 4096 个 32 位寄存器，由 6 个专用的控制和状态寄存器访问指令在通用寄存器和 CSR 之间进行数据传输。

另有其他自定义的 CSR 如表 3-6 所示。

表 3-6　SpringCore 自定义的 CSR

寄存器	位宽	用途
SA（Shift Amount）	4	MR 输出的移位控制，移位范围 0～15
loopstart	32	硬件循环的起始地址
loopnum	32	硬件循环的数目
looplength	8	硬件循环的长度
loop_phe_he	2	硬件循环的使能位

（续）

寄存器	位宽	用途
low_power_mode	3	控制低功耗模式的打开和关闭
nmi_vector	32	不可屏蔽中断向量
eallow	2	使能 soc 侧的 debug 模式下的外设操作
bypass	2	控制 EX 级和 ME 级是否 bypass
soc_debug_mode	1	外设保护寄存器模式

3.3.4 编码概括

SpringCore 是基于 RISC-V 指令集开发的，其编码遵循 RISC-V 标准。标准中编码的低 7 位（inst[6:0]）称作操作码（opcode）。操作码低两位（inst[1:0]）取值为 00、01、10 时表示压缩指令（RVC），指令编码长度为 16 位。操作码低两位取值为 11 时表示非压缩指令，其中操作码 3～5 位取值为 111 时表示指令编码长度大于 32 位，其他操作码取值时指令编码为 32 位。

inst[6:2] 也被称作主操作码（major opcode），共有 32 个主操作码。表 3-7 为 RISC-V 主操作码编码分布，其中浅灰色背景为 SpringCore-B 所使用的主操作码，深灰色背景为 SpringCore-X 扩展指令所使用的主操作码。

表 3-7 RISC-V 主操作码使用表，inst[1:0]=11

inst[4:2] inst[6:5]	000	001	010	011	100	101	110	111
00	LOAD	LOAD-FP	custom-0	MISC-MEM	OP-IMM	AUIPC	OP-IMM-32	48b
01	STORE	STORE-FP	custom-1	AMO	OP	LUI	OP-32	64b
10	MADD	MSUB	NMSUB	NMADD	OP-FP	reserved	custom-2/rv128	48b
11	BRANCH	JALR	reserved	JAL	SYSTEM	reserved	custom-3/rv128	≥ 80b

表 3-8 为 SpringCore 主操作码使用情况统计。

表 3-8 SpringCore 主操作码使用情况统计

指令集	主操作码数	注释
SpringCore-B	18	RV32IMF 标准指令集，对应表中浅灰色阴影部分

(续)

指令集	主操作码数	注释
SpringCore-X	6	RISC-V 留作用户自定义扩展,对应表中深灰色阴影 custom0～3,以及 $\geq$ 80b 和 64b 两个主操作码
RISC-V 预留	3	RISC-V 标准留作未来扩展,用户不可使用,对应表中 reserved
未使用	5	包含其他 SpringCore-B 未采用的 RV32 指令扩展所使用的指令编码,以及 48b 对应的 2 个主操作码

SpringCore 基础指令支持 RISC-V RV32IMCF 指令集。对于 IMCF 类指令来说,SpringCore 与 RISC-V 标准一致,此处就不再赘述,读者可参考 RISC-V 标准中的指令编码部分。本节主要列举扩展的指令和编码。

3.3.5 指令扩展

为了满足数字信号处理算法的需求,提高 SpringCore 针对数字信号处理算法的运算能力和效率,项目组自定义了扩展指令 SpringCore-X,包含定点运算指令扩展、定点访存 post-modify 指令扩展、定点数据搬移指令扩展、单精度运算指令扩展、单精度浮点访存 post-modify 指令扩展等。RV32 预留了 4 个主操作码(custom0～3)供用户自定义扩展,SpringCore-X 指令占用了这 4 个 RV32 主操作码,以及部分 RVC 预留给用户的自定义扩展编码空间,具体编码如表 3-9、表 3-10 和表 3-11 所示。

表 3-9 SpringCore-X 32 位指令扩展编码

[31]	[30]	[29:28]	[27]	[26]	[25]	[24:23]	[22:20]	[19:15]	[14:12]	[11:7]	[6:0]	指令
NA	0	00	NA			rs2	rs1	000	rd	0001011		SADD
NA	1	00	NA			rs2	rs1	000	rd	0001011		SSUB
NA	0	00	NA	out	init	rs2	rs1	001	rd	0001011		MPYA
NA	1	00	NA	out	init	rs2	rs1	001	rd	0001011		MPYS
NA	0	00	NA	out	init	rs2	rs1	010	rd	0001011		QMPYA
NA	1	00	NA	out	init	rs2	rs1	010	rd	0001011		QMPYS
NA	0	00	NA	out	init	rs2	rs1	011	rd	0001011		DMAC
NA	0	00	NA			rs2	rs1	100	rd	0001011		MAX
NA	1	00	NA			rs2	rs1	100	rd	0001011		MIN
NA	0	10	NA			rs2	rs1	000	rd	0001011		FLIP

（续）

[31]	[30]	[29:28]	[27]	[26]	[25]	[24:23]	[22:20]	[19:15]	[14:12]	[11:7]	[6:0]	指令
NA	0	01	NA			rs2		rs1	000	rd	0001011	ROL
NA	1	01	NA			rs2		rs1	000	rd	0001011	ROR
NA	0	01	NA			rs2		rs1	001	rd	0001011	ASR64
NA	0	01	NA			rs2		rs1	010	rd	0001011	LSL64
NA	1	01	NA			rs2		rs1	010	rd	0001011	LSR64
NA	0	01	NA			uimm[4:0]		rs1	000	rd	0101011	ROLI
NA	1	01	NA			uimm[4:0]		rs1	000	rd	0101011	RORI
NA	0	NA				uimm[5:0]		rs1	001	rd	0101011	ASR64I
NA	0	NA				uimm[5:0]		rs1	010	rd	0101011	LSL64I
NA	1	NA				uimm[5:0]		rs1	010	rd	0101011	LSR64I
NA							uimm[7:5]	rs1	000	uimm[4:0]	1011011	RPTB
NA		uimm8_1[7:0]					uimm8_2[7:5]	0	001	uimm8_2[4:0]	1011011	RPTBI
NA								rs1	000	rd	1111011	FRACF32

表 3-10　SpringCore-X 32 位访存指令 post-modify 扩展编码

[31:25]	[24:20]	[19:15]	[14:12]	[11:7]	[6:0]	指令
imm[11:0]		rs1	000	rd	1111111	LB.PM
imm[11:0]		rs1	001	rd	1111111	LH.PM
imm[11:0]		rs1	010	rd	1111111	LW.PM
imm[11:0]		rs1	100	rd	1111111	LBU.PM
imm[11:0]		rs1	101	rd	1111111	LHU.PM
imm[11:0]		rs1	111	rd（浮点）	1111111	FLW.PM
imm[11:5]	rs2	rs1	000	imm[4:0]	1011111	SB.PM
imm[11:5]	rs2	rs1	001	imm[4:0]	1011111	SH.PM
imm[11:5]	rs2	rs1	010	imm[4:0]	1011111	SW.PM
imm[11:5]	rs2（浮点）	rs1	111	imm[4:0]	1011111	FSW.PM

表 3-11　SpringCore-X 16 位指令扩展编码

[15:13]	[12]	[11:7]	[6:5]	[4:3]	[2]	[1:0]	指令
000	1	0	00	NA	NA	10	SAVE
000	1	0	10	NA	NA	10	RESTORE
000	1	rd	01	NA	imm[0]	10	MV.X.MR
000	1	rs	11	NA	imm[0]	10	MV.MR.X

3.4 内核结构

SpringCore 内核结构主要可以分为流水线前端、执行单元、访存单元、控制单元、存储模块、寄存器堆。如图 3-1 所示,流水线前端主要负责指令数据的读取与译码,使处理器得到所要执行的指令信息;执行单元包括定点运算部件和浮点运算部件,负责处理器中定点或浮点计算;访存单元主要负责处理器的访存操作,从而与存储空间进行数据交互;控制单元负责不同特权级别下的中断和异常、系统性能监测、系统信息、调试操作、存储保护、浮点运算、硬件循环等机制的配置和状态信息显示;寄存器堆包括定点寄存器堆和浮点寄存器堆,分别用于存放整型数据和浮点类型数据,供给执行与访存单元使用;存储模块主要用于存放程序数据与指令数据,并且在物理空间上程序与指令空间不重叠。

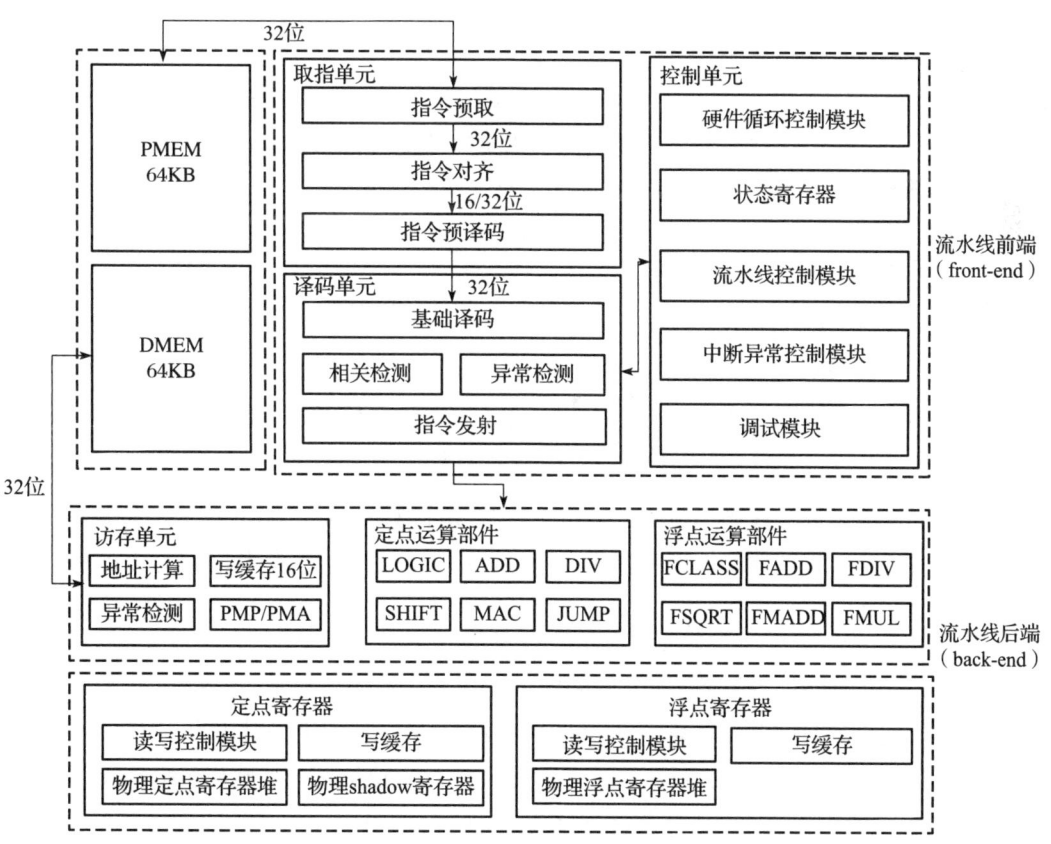

图 3-1 SpringCore 内核结构

3.4.1 取指单元

指令预取指单元负责计算指令地址。指令取指负责从程序存储器中取出指令，并存放到指令预取 FIFO 中。指令预取 FIFO 将前端取指令与预译码模块解耦合，在 FIFO 没有装填满的情况下可以进行指令预取，将指令数据存放在 FIFO 写指针的位置。FIFO 中的指令数据根据读指针的位置将指令数据送往预译码模块。预译码模块主要负责指令数据的对齐。预译码模块会将完整的指令发往译码单元并将剩余的指令数据存放在指令缓存当中用于后续使用。取指单元的具体细节将在 4.2 节详细介绍。

3.4.2 译码单元

指令译码单元负责指令信息的获取与指令发射的控制。指令译码单元主要包含四个子模块：基础译码、异常检测、相关检测和指令发射。其中基础译码模块是基于指令编码分别对不同类型的指令进行译码操作，得到指令的源操作数、目的寄存器、指令操作类型、发往操作模块的使能信号，并且上述指令信息同时会发送给其余三个子模块。异常检测模块用于检测当前指令是否有触发异常的条件。相关检测模块负责流水线上指令相关依赖关系的检测。指令发射模块会基于流水线状态与控制单元进行交互，对当前指令和流水线调度进行控制。译码单元将在 4.3 节做详细介绍。

3.4.3 控制单元

硬件循环控制器模块用于处理零开销循环指令，即 RPTB 指令。SpringCore 将 RPTB 指令放在译码级进行执行。在译码单元获取 RPTB 中的指令信息，即起始 PC、循环长度、循环次数后，将这些信息写入控制和状态寄存器。硬件循环控制模块会根据当前译码级的流水线信息（当前程序计数器值、停顿信号等），结合控制和状态寄存器中的循环信息对取指令地址进行控制，将下一条指令的程序计数器值发往取指单元。流水线控制模块主要负责流水线整体的控制和调度。通过读取处理器各模块的状态信息，控制流水线的冲刷与暂停。

SpringCore 的调试遵从 RISC-V 调试标准，实现了外部调试器。外部调试器通过中断调试与处理器进行交互。调试单元一端通过 JTAG 协议的接口与上位机连接，另一端通过内部调试机制与 SpringCore 进行交互。用户通过上位机调试器软件（如 GDB）与调试翻译软件（如 OpenOCD）通过调试传输硬件（例如 USB 与 JTAG 的转换接口）与调试单元进行交互。调试单元由调试传输模块（Debug Transport Module，DTM）、调试模块（Debug Module，DM）两个核心硬件模块，以及 SpringCore 调试模式的相关实现构成。DTM 与 DM 之间通过调试模块接口（Debug Module Interface，DMI）相连，DMI 具有独立于系统总线外的地址空间，DM 各寄存器具有 DMI 的地址，上位机可通过 DMI 寻址访问。DM 与 SpringCore 之间通过总线连接，DM 各寄存器在 SpringCore 总线的地址空间内，SpringCore 作为主机可通过总线访问。第 8 章将对调试单元进行详细介绍。

中断异常控制模块负责处理器中 trap 的控制。RISC-V 中所定义的 trap 包含了外部中断（interrupt）与内部异常（exception）。为了保证能够正常进入中断异常服务程序和返回原程序执行位置，SpringCore 在核内增加了特殊控制。当中断或异常信号进入核内时，指令发射模块会读取中断异常服务程序入口地址并将其与跳转信号一并发往取指模块，而后处理器内核执行中断异常服务程序。为了中断异常服务程序结束后能够正确返回现场，下一条指令的程序计数器控制单元会保存译码级被冲刷掉的指令地址作为中断异常服务程序的返回地址。待中断异常服务程序结束后，取指模块将取回返回地址处的指令，继续执行原有程序。具体的中断和异常处理将在第 7 章做详细介绍。

3.4.4 执行单元

执行单元包括定点运算部件（IXU）和浮点运算部件（FXU），用于实现运算类指令操作。通过指令译码单元发送操作码、操作数、地址、时钟、复位等数据信号和控制信号对执行单元进行控制。在获得准确的有效信号后，执行单元根据不同的操作码进行不同的操作，最终将需要写回寄存器的结果和地址输出。

IXU 负责整型 / 定点类型的运算，实现逻辑运算、加减乘除和乘累加等算术运算、比较运算、移位运算、分支跳转运算等 59 条指令。根据不同的操作类型，划分为乘法器、除法器、移位器、乘累加器、逻辑运算单元等功能模块，不同的功能模块负责执行相应操作类型的指令运算操作。IXU 除了除法类操作是多周期操作外，其他运算操作均能在单周期之内完成，最后运算结果写回定点寄存器堆。

FXU 负责单精度浮点类型的运算，实现浮点数据分类运算、转移运算、转换运算、比较运算、加减乘除和乘累加等算术运算、符号注入运算等 25 条指令。根据不同的操作类型，划分为分类模块、转换模块、乘加模块、长周期模块，不同的功能模块负责执行相应操作类型的指令运算操作。浮点运算指令存在两种写回类型——写回定点寄存器堆和写回浮点寄存器堆。FXU 除了除法、平方根指令是多周期操作外，写回定点寄存器的运算操作两周期完成，写回浮点寄存器的运算操作三周期完成。

为了支持指令中操作数的暂存，SpringCore 设置了两个通用寄存器堆，分别支持定点数据与浮点数据的暂存。其中定点寄存器堆有三个读口与两个写口，浮点寄存器堆有三个读口与一个写口。当发送写口冲突时，寄存器堆通过内置的控制单元将冲突指令放入写缓存当中。当中断发生时，SpringCore 存在物理上的 shadow 寄存器堆，可以快速保存和恢复寄存器堆中的数据，从而实现中断现场的快速切换。

3.4.5 访存单元

访存单元（LSU）是 SpringCore 内核中负责存储的地址计算和访存操作的功能模块。访存单元通过高速互连总线、独立的端口与 SpringCore 核外的存储结构相连（如图 3-2 所示）。

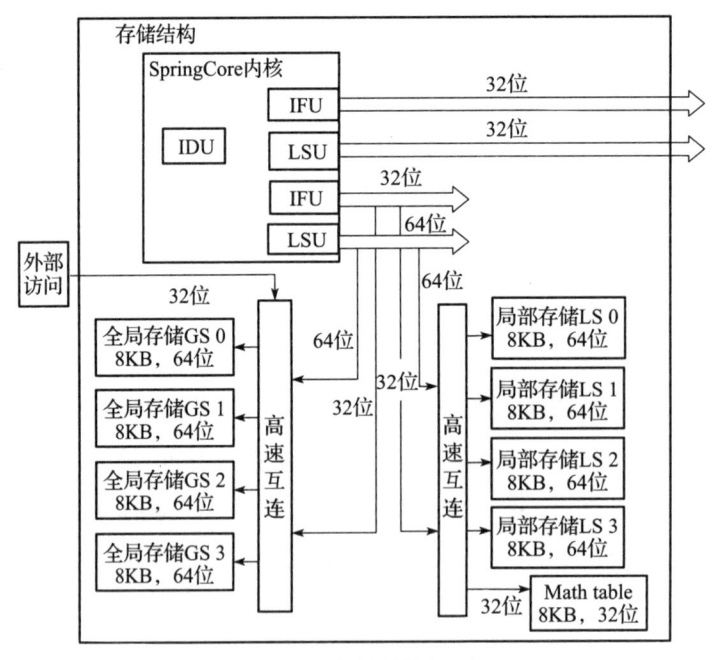

图 3-2 存储结构框图

存储单元中的 memory 分为全局存储单元 0~3（Global SRAM0~3，GS0~3）和局部存储单元 0~3（Local SRAM0~3，LS0~3），两者均采用高速互连总线通过独立的端口与 LSU 连接。GS0～3 由 SpringCore、其他加速器核以及其他高速互联总线的主设备（例如 DMA 等）所共享，而 LS0～3 由 SpringCore 与加速器核共享，该区域对总线其他主设备不可见。访存单元主要负责执行处理器对于存储空间的操作，并且由于外部存储空间的存在，需要涉及与总线交互的控制。更多细节将在第 5 章中详细介绍。

3.4.6 存储空间

SpringCore 的存储映射如表 3-12 所示。

表 3-12　SpringCore 的存储映射

地址		描述
开始	结束	
0x0000_1000	0x0000_3FFF	中断控制器 /timer/WDT 等
0x0000_4000	0x0000_FFFF	SoC 地址映射空间，可能包含其他外设
0x0001_0000	0x0001_FFFF	处理器全局存储空间（global memory）
0x0002_0000	0x00F_FFFF	SoC 地址映射空间，可能包含其他外设
0x0010_0000	0x0010_FFFF	处理器局部存储空间（local memory）
0x0020_0000	0x007F_FFFF	SoC 地址映射空间，可能包含 Flash、Boot ROM、User OTP 等区域

SpringCore 所使用的存储如表 3-13 所示。指令存储器和数据存储器位宽均为 32 位，无奇偶校验和 ECC 等特殊设计。

表 3-13　SpringCore 存储单元

名称	大小	描述
Global SRAM	64KB	全局存储空间
Local SRAM	64KB	局部存储空间
Flash	512KB	Flash 存储器空间

3.5 本章小结

本章从设计目标出发，阐述了 SpringCore 处理器所面向的优化数字信号处理算法，并对整体的数字信号处理器体系结构做了概括性的介绍。希望读者在阅读本章后，对 SpringCore 的设计目标、指令集、内核结构有整体上的了解，从而理解 RISC-V 架构数字信号处理器设计方法。

CHAPTER 4

第 4 章

SpringCore 流水线设计

SpringCore 是静态单发射处理器，微架构可以划分成 8 个流水级，其中前 3 级为取指，后 5 级为执行。本章主要从流水线划分、指令预取、指令译码、冲突处理、中断异常、零开销循环和低功耗控制等方面进行了详细介绍。

4.1 流水线技术简介

流水线技术是将完整的指令操作分解为多个不同的子操作，使指令流的各个执行阶段可以在时间维度上并行执行。简单来讲就是将一个指令的时序过程，分解成若干个子过程，每个过程都能有效地与其他子过程同时执行。这种思想最初是在 MIPS 架构中出现的，旨在提高处理器的执行效率，使处理器不同部件能够更加饱和地执行指令流。

图 4-1 展现了经典 RISC 类 5 级流水线的执行过程。其中流水线的五个层级分别对应取指（IF）、译码（ID）、执行（EX）、访存（MEM）、写回（WB）。一条指令需要经历上述五个流水级完成操作。在没有流水线技术的处理器执行时，由于指令执行时相互不能重叠，所以完成五条指令需要 5×5=25 个指令周期。在使用流水线技术的处理器执行时，假设在没有流水线冲突的情况下，处理器可以使不同指令的不同阶段重叠执行，即在流水线中并行处理。此时执行完五条指令所用时间只需要 5+4=9 个指令周期。可见基于流水线技术的指令执行可以大幅度提高指令的执行效率。

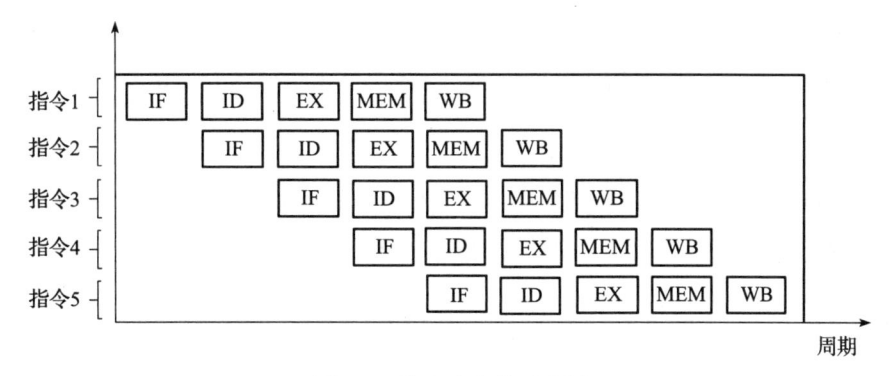

图 4-1 指令流水线示意图

流水线划分

SpringCore 流水线总共划分为 8 级流水线（见图 4-2）。其中，取指功能划分 3 级流水线，译码功能采用 1 级流水线完成，定点操作与访存操作采用 3 级流水线完成，浮点操作采用 4 级流水线完成。SpringCore 流水线在译码级之后，按照定点与浮点区别划分为定点流水线与浮点流水线，两条流水线可以并行执行，增加了处理器指令级并行度，从而提高处理器指令吞吐效率。

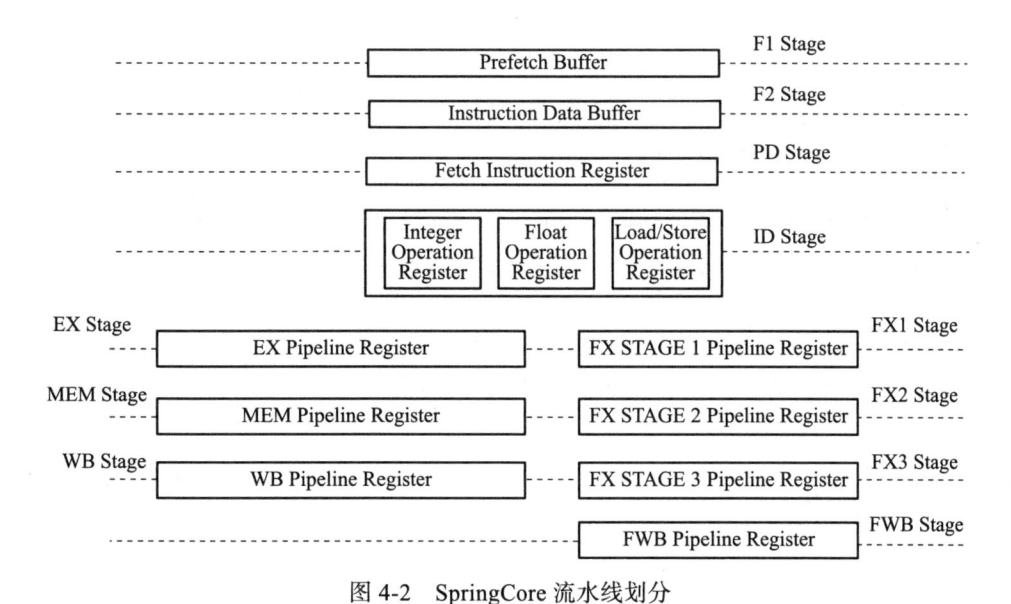

图 4-2 SpringCore 流水线划分

每一级流水线所对应完成操作分别如下所示。

F1 Stage-Prefetch Stage：指令预取。根据指令地址访问存储空间进行指令预取，并将指令数据送入 Prefetch Buffer 当中，其中 Prefetch Buffer 使预取模块与后续流水线结构解耦合。

F2 Stage-Instruction Send：指令对齐。从 Prefetch Buffer 取得数据，基于指令编码进行 16/32 位指令对齐仲裁与判定，并将非对齐部分存入指令数据 Buffer。

PD Stage-Instruction Predecode：指令预译码。根据指令类型将指令预译码后放入取指单元流水线寄存器，其中对于 16 位的 RISC-V C 扩展指令，该流水级会将此类指令扩展至 32 位。

ID Stage-Instruction Decode：指令译码。在该流水级会根据指令编码获取指令内部所包含的指令信息，并结合流水线中其他模块所反馈的信号进行流水线控制与指令发射。

EX Stage-Instruction Execution：定点指令执行。定点运算类指令在此阶段执行；LOAD/STORE 指令地址在此阶段产生；条件分支指令条件判定在此阶段处理；post-modify 操作在此阶段运算并写回定点寄存器。

MEM Stage-Memory Access：访存执行。处理器访问存储空间，读取或写入数据。

WB Stage-Integer Instruction Result Write-Back：定点寄存器写回。以定点寄存器作为目的寄存器的指令在此阶段将结果写回。

FX1/FX2/FX3 Stage-FXU Instruction Execution：浮点执行。浮点操作指令执行阶段（以定点寄存器为目的寄存器的指令将对齐至 WB 级写回）。

FWB Stage-FXU Instruction Result Write-Back：浮点寄存器写回。浮点操作指令写回阶段，以浮点寄存器作为目标寄存器的指令在此阶段写回。

4.2 取指单元

取指是指处理器核按照其指令程序计数器（Program Counter，PC）值对应的存储器地址将指令从存储器中读取出来的过程。取指单元的优化目标是以最快的速度、连续不断地从存储器中取出指令供处理器核执行。

4.2.1 取指单元结构

SpringCore 取指单元（见图 4-3）按照具体功能可以主要划分为指令预取和指令对齐。

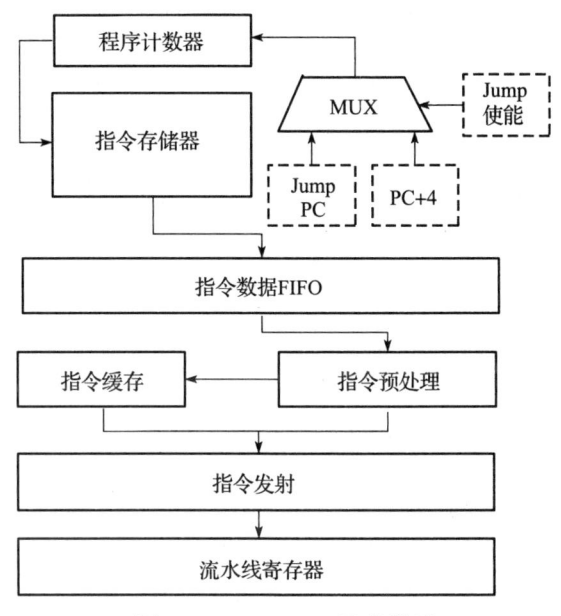

图 4-3　SpringCore 取指单元

指令预取是处理器按照指令执行顺序，提前读取当前指令的后续指令，并放到指令预取缓存中，该缓存采用 FIFO 结构。指令预取缓存非常关键，该缓存实现取指（IF1、IF2、IF3）和执行（PD、ID、EX 等）两大流水级的解耦。当执行流水级发生停顿时，如果预取缓存非满，则取指流水级可继续工作，不受执行流水级停顿的影响；同样，当取指流水级由于总线竞争、预取缓存满等原因发生停顿时，只要预取缓存非空，则执行流水可继续正常执行，不受取指流水级停顿的影响。

4.2.2 指令对齐

指令地址对齐模块基于 1×49 位的缓存实现。指令缓存用于暂存非对齐的 16 位指令数据、32 位指令数据地址与 1 位压缩指令使能位。当 32 位指令数据从指令预取 FIFO 读入后，指令对齐模块会对 32 位数据中包含的指令类型进行判断。由于 32 位指令的低两位为 2'b11，因此根据指令数据中 [1:0] 与 [17:16] 四位可以得到数据中包含的指令类型，如图 4-4 所示。

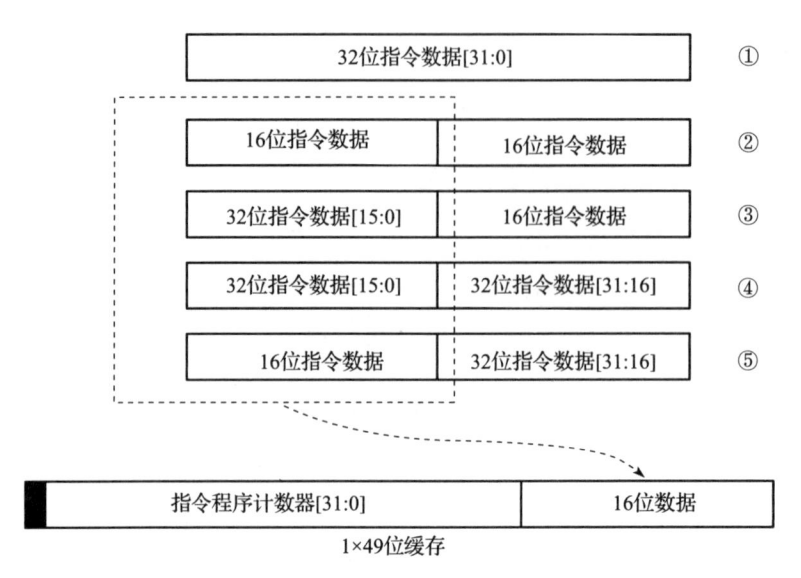

```
┌─────────────────────────────────┐
│      32位指令数据[31:0]          │  ①
│                                 │
│  16位指令数据  │  16位指令数据   │  ②
│                                 │
│ 32位指令数据[15:0] │ 16位指令数据 │  ③
│                                 │
│ 32位指令数据[15:0] │ 32位指令数据[31:16] │  ④
│                                 │
│  16位指令数据  │ 32位指令数据[31:16] │  ⑤
└─────────────────────────────────┘

┌─────────────────────────────────┐
│ 指令程序计数器[31:0] │ 16位数据  │
└─────────────────────────────────┘
         1×49位缓存
```

图 4-4　指令数据与缓存

在将指令数据向后发送前，需要检查缓存中是否有存放数据。当缓存中存放数据且为压缩指令时，优先将缓存中的数据发往预译码模块。当缓存中存在数据且不为压缩指令时（指令数据对应图 4-4 中的④或⑤），需要将缓存中的数据与当前所取得的指令数据的低 16 位合并形成 32 位指令，并将剩余未对齐的高 16 位数据、地址、压缩指令使能存放进缓存中。

当缓存中没有存放数据时，所取得的指令数据对应图 4-4 中的①②③。当处于情况①时，此时指令数据为 32 位指令，处理器直接将指令数据发往预译码模块。当处于情况②③时，指令数据的低 16 位为压缩指令，此时会将压缩指令发往预译码模块，且指令数据的高 16 位会存放进缓存中。

4.3　译码单元

指令译码阶段的任务是从指令中获取执行所需要的信息，并发送给对应执行部件。指令译码的电路复杂程度取决于指令集的复杂程度，由于 RISC-V 指令集编码规范简洁，其指令长度、寄存器索引等各个域相对位置固定，从而大幅降低 RISC-V 处理器的译码电路的复杂度，可以用一个周期完成译码，得到指令中所需要的信息。

SpringCore 中译码单元作为指令译码与仲裁的主要模块，由四个子模块构成：基础译码、异常检测、相关检测、指令发射（如图 4-5 所示）。其中基础译码是基于指令编码分别对不同类型的指令进行译码操作，得到指令的源操作数、目的寄存器、指令操作类型、发往操作模块的使能信号；异常检测模块用于检测指令是否存在异常；相关检测模块用于处理数据冒险的问题；在指令发射会根据输入信号得到流水线控制的具体操作，判断流水线是否停顿、冲刷以及指令是否发射。

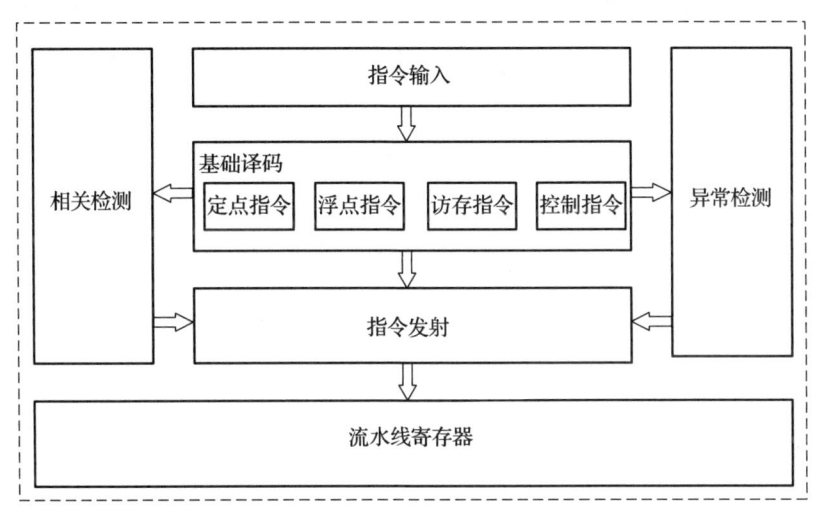

图 4-5 SpringCore 译码单元

4.3.1 预译码

按照 RISC-V 的规范，RISC-V 的压缩指令集 RV32C 的每条 16 位指令操作必须有一条标准的 32 位 RISC-V 指令对应。例如，当存在压缩指令的加法操作 C.add 时，必须有一条 32 位的加法指令操作与 C.add 运算操作完全相同。通常，一个程序中 50%～60% 的标准 RISC-V 指令可以由 RV32C 指令代替，从而使代码大小减少 25%～30%。RV32C 与 RISC-V 其他标准指令扩展兼容，允许自由混用 16 位指令与 32 位指令。

根据上述 RISC-V 架构的特点，SpringCore 在预译码阶段将 16 位压缩指令转换为与之对应的 32 位标准指令。实现过程也非常简单，首先预译码模块读取压缩指令操作码识别指令，而后基于压缩指令的类型读取其主要位域中的数据，并将这些数据映射至对应 32 位指令的编码空间中，从而完成 16 位压缩指令到 32 位标准指令的转换。

指令译码器（Instruction Decoder，ID）是控制器中的主要部件之一。指令主要由操作码和地址码组成。操作码表示要执行的操作类型，地址码是操作码执行时的操作对象的位置。处理器执行一条指令时，必须首先分析这条指令的操作码是什么，以决定操作的性质和方法，然后才能控制处理器其他各部件协同完成指令表达的功能。

4.3.2 基础译码

SpringCore 基础译码单元的功能是读取指令编码中的信息（指令操作、操作数、地址等）。在 RISC-V 编码规则中，32 位指令的低七位为指令的操作码（opcode）。操作码可以被视为指令操作类型的识别标签，用于区分不同的指令类型。SpringCore 支持 RV32IFMC 和自定义指令编码。自定义指令编码同样需要遵循 RISC-V 编码规则。

SpringCore 根据操作码将指令发往不同的子译码单元，每个子译码单元进一步进行更为细致的译码操作，即从指令编码相应位域获取执行单元所需要的全部相关信息。指令编码遵循了 RISC-V 架构的 32 位指令编码规则，指令编码类型可以主要分为以下六种：

31 30	25 24	21 20	19 15	14 12	11 8	7 6	0	
funct7		rs2	rs1	funct3	rd		opcode	R类型
imm[11:0]			rs1	funct3	rd		opcode	I类型
imm[11:5]		rs2	rs1	funct3	imm[4:0]		opcode	S类型
imm[12]	imm[10:5]	rs2	rs1	funct3	imm[4:1]	imm[11]	opcode	B类型
imm[31:12]					rd		opcode	U类型
imm[20]	imm[10:1]	imm[11]	imm[19:12]		rd		opcode	J类型

- R 类型指令：主要用于寄存器 – 寄存器操作。
- I 类型指令：用于短立即数和访存 LOAD 操作。
- S 类型指令：用于访存 STORE 操作。
- B 类型指令：用于条件跳转操作。
- U 类型指令：用于长立即数操作。
- J 类型指令：用于无条件跳转。

RISC-V 架构中所有指令，源寄存器的位域都是处于同一个位置的，这不仅可以使译码单元复杂度降低，而且也意味着在译码指令操作类型之前，就可以先访问对应的源寄存器。指令格式中的立即数字段总是符号扩展，符号位在指令的最高位。因此，SpringCore 在译码之前就通过访问寄存器和立即数位域获取潜在的操作数。SpringCore 支持数据前递（forwarding）功能，该功能可有效降低数据相关带来的流水线停顿。在数据相关模块，前递数据会替换掉对应的操作数（见 4.4 节）。

4.3.3 异常检测

异常检测模块的功能是判断译码指令是否会触发异常，RISC-V 特权架构文档规定几类常见的异常场景，SpringCore 中的异常场景如表 4-1 所示。

表 4-1 异常场景

场景	子场景
指令地址非对齐（instruction address misaligned）	地址非对齐
非法指令（illegal instruction）	指令非法
	访问不支持的 CSR
	在机器模式下访问 debug CSR
	在机器模式下执行 dret 指令
	向只读 CSR 进行写入操作
LOAD/STORE 地址非对齐（LOAD/STORE address misaligned）	LW\LW.PM\FLW\FLW.PM\C.LW\C.FLW\C.LWSP\C.FLWSP

以上异常场景主要可以分为三类，即指令地址非对齐、非法指令和 LOAD/STORE 地址非对齐。指令地址非对齐会导致访问存储空间发生错误，因此 RISC-V 架构规定指令存放的地址边界必须是对齐的。SpringCore 异常检测模块会读取指令程序计数器判断指令本身是否满足地址对齐，以及通过计算跳转指令目标地址判断跳转地址是否对齐。

非法指令的异常场景包含多种情况。其中，指令非法指的是译码器读取的指令数据不符合 RISC-V 编码标准，导致其无法识别指令操作，SpringCore 异常检测模块通过对比指令数据特定功能位域进行指令非法判断。状态和控制寄存器（CSR）在 RISC-V 标准中也有严格的规则：特定的 CSR 不支持读写、机器模式下不存在访问 debug CSR 的特权。机器模式下不允许使用 dret 指令。违背这些规则的指令被视为非法指令，SpringCore 通过读取与 CSR 有关指令的信息来对上述细分场景进行判断。

与取指令地址的约束一样，RISC-V 架构同时也要求 LOAD/STORE 指令访问的地址需要对齐。SpringCore 的访存地址计算是在访存单元（LSU）上进行的，所以需要 LSU 发送一个异常使能信号用于指示 LOAD/STORE 指令访问地址是否对齐。与其他场景不同的是，此类异常场景在执行级才能知道判定结果，所以当此类异常发生时会造成更多执行周期的损耗。

SpringCore 异常检测模块检测到异常信号时，会向流水线控制模块发送异常指示信号。仲裁控制模块会根据此信号对流水线进行冲刷处理，并跳转进入异常处理程序。

4.3.4 指令发射

指令发射模块是译码单元中负责指令发射仲裁的主要模块。异常、中断、跳转、相关等各类与流水线状态有关的信号都会发送到此模块。指令发射模块通过读取流水线中的状态信息进而控制指令发射相关使能信号。当一条指令进入译码单元，仲裁后可能得到的状态总共有三种，分别是指令发射、停顿、冲刷。每种状态的判定条件简化逻辑如图 4-6 所示：

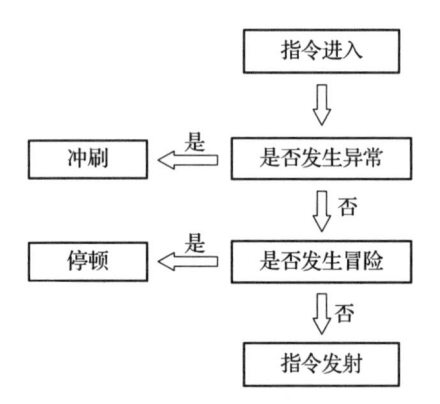

图 4-6 指令发射模块

异常条件的判定处于最高优先级，即当流水线发生中断或异常，直接发送冲刷（flush）信号使流水线前端的寄存器与状态信号清空，并跳转进入处理程序。值得一提的是，在跳转进入中断或异常处理程序前，需要对发生中断或异常的现场进行保护，寄存器堆的值与指令的程序计数器值需要存储到相应位置。具体控制逻辑将在流水线低功耗控制（见 4.5 节）中进行详细讲解。

处理器当前周期不存在异常或者中断时，指令能否发射的关键条件就是流水线中是否存在相关。相关包括数据相关、结构相关与控制相关，每一种相关都会影响当前译码指令的执行状态。例如，译码指令与执行级指令存在数据冒险会导致流水线互锁，此时需要等待执行级指令执行完毕后才能发射后续指令。因此，SpringCore 通过流水线停顿的方法避免大部分冒险问题。当流水线中不存在冒险问题时，译码指令可以正常发射进入相应的执行单元。

4.4 相关检测

4.4.1 数据相关

数据相关指流水线中前后指令的数据存在相互依赖性，导致指令需要通过调度才能正确获取操作数和写回，保证数据一致性。数据相关主要分为以下三种情景：

1）RAW（read after write）：写后读相关。后续指令 j 在前序指令 i 写入源寄存器或源内存地址之前读取其数据。这种情况下，后续指令 j 会错误地获取旧的数据值从而影响执行的正确性。如下所示，如果第二条指令在第一条指令写 x5 之前先读 x5，就会得到错误的源操作数，从而引起 x4 中的数据发生错误。

```
add x5, x4, x6  //x5 = x4 + x6
add x4, x5, x2  //x4 = x5 + x2
```

2）WAW（write after write）：写后写相关。后续指令 j 在前序指令 i 写入寄存器或存储空间之前写回相同地址，使得指令结果被前序指令的数据覆盖。如下所示，如果第二条指令，在第一条指令写 x5 之前先写 x5 寄存器，则自身的计算结果会被 x4 与 x6 相加的结果覆盖，引发后续的数据错误。

```
add x5, x4, x6  //x5 = x4 + x6
add x5, x3, x2  //x5 = x3 + x2
```

3）WAR（write after read）：读后写相关。后续指令 j 在前序指令 i 读取目标位置之前写入了目标位置，这种情况下指令 i 会错误读取数据造成错误。如下所示，第一条指令会读取 x4，第二条指令会写 x4。如果第二条指令比第一条指令先写 x4，则第一条指令就会读出错误的值从而引发后续的一系列问题。

```
add x5, x4, x6  //x5 = x4 + x6
add x4, x3, x2  //x4 = x3 + x2
```

基于上述情形，数据相关的根本原因是指令间存在的数据依赖性，并且在写回周期数上存在特定关系。把上述情况通过具象化的条件进行总结，可以得出以下两个判定数据相关的条件，其中任意一条满足则指令之间就存在数据相关的关系：

❑ 指令 i 生成的结果会被指令 j 用到。
❑ 指令 i 与 j 使用相同的寄存器或存储器位置，但是指令之间没有数据流动。

满足上述第一个条件的情景可以被称为真数据相关，这意味着如果两条指令数据存在真实的前后依赖，则这两条指令必须按顺序执行，不能完全重叠并行执行。程序中给定的相关关系会决定流水线是否需要通过停顿来消除数据相关。

第二个条件可以被称为名称相关，由于这种情况指令之间没有值的传递，因此和真数据相关不同的是可以通过某些方法来完全消除这种冲突。完全消除名称冲突的核心思想就是改变指令中所使用的寄存器或存储地址的名称，使指令之间不再存在冲突，以增加指令的并行度，对于寄存器操作数重命名操作也更加容易完成。

对于不同的处理器微结构，数据相关的复杂程度是不一样的。如在经典 5 级流水单发射 RISC 架构处理器核中，数据相关的情景表现如下：

1）处理器核是顺序发射，顺序写回的微结构，在指令发射的时候就已经从通用寄存器数组中读取了源操作数。后续执行的指令写回寄存器堆的操作不可能影响到前面指令的读取，所以不可能发生 WAR 相关性造成的数据冲突。

2）正在执行的指令处在流水线的第 2 级，不管之前发射的指令是单周期指令还是多周期指令，在 5 级流水线中还需要经过至少 3 个周期才能写回数据，而下一个周期后马上就要读取上一次写指令的数据，因此正在派遣的指令可能会产生前序相关的 RAW 相关性。

3）假设正在执行的指令处在流水线的第 2 级，之前发射的指令是单周期指令，按照顺序写回则前序指令已经完成了执行且将结果写回了寄存器堆，并依次写回第二条指令，因此正在发射的指令不可能会发生 WAW 数据冲突。但是假设之前派遣的指令是多周期指令，由于指令需要多个周期才能写回结果，那么后一条正在派遣的指令可能会产生前序相关的 WAW 相关性。

SpringCore 通过译码单元中的相关检测模块与指令发射模块，对指令的派遣、发射、写回等操作进行控制。其中，相关检测模块主要设计思想基于计分板策略，即指令发射时会修改流水线寄存器上相应标志位，该标志位用于指示寄存器已被占用。指令写回或数据前递时同样也会对相应标志位进行修改，以指示该寄存器没有被占用。指令发射模块会根据指令信息（源操作数、目的寄存器、指令类型等）结合流水线寄存器标志位对指令的发射、停顿、冲刷、前递进行控制，如图 4-7 所示。

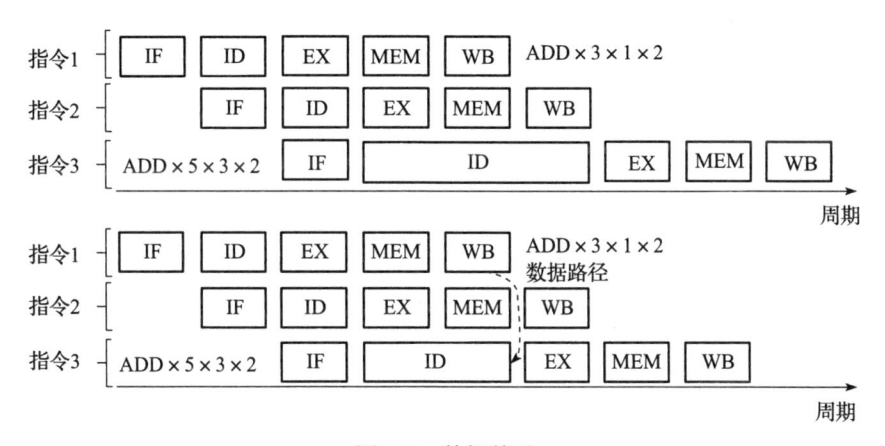

图 4-7　数据前递

4.4.2　结构相关

处理器如果要保证发射的指令能够正确执行，则需要保证每条指令在执行过程中都拥有足够的硬件资源。硬件资源充足时，不同的指令可以并行执行。比如，当寄存器堆拥有多个写口时，可以支持多条指令同时写回。相应地，当硬件资源不足时，多条指令可能不能并行执行。当寄存器堆的写口只有一个，但是有三条指令在同一周期写回，则这些指令在写回级中会发生写口的竞争。这种指令关系被称为结构相关。在 SpringCore 中，结构相关有以下几种场景。

1. 长周期运算指令

长周期运算指令指的是执行周期不确定且不为单周期的指令。整数除法、浮点除法运算、浮点开方运算在 SpringCore 中被设计为长周期指令。这些指令的特点是处理器无法在译码阶段判断指令在执行阶段所占用运算资源的周期数目，并且当长周期指令处于执行过程时，所对应的运算部件无法同时执行其他同类型指令。例如，由于浮点除法指令 FDIV 的硬件实现采用变长周期（即指令的执行周期数与操作数数值相关），因此处理器在该指令写回前不能确定其是否还会继续进行迭代运算。为了保证浮点除法类指令能够正常执行，需要在译码阶段保证不继续发射相应类型指令。在 SpringCore 中，所有长周期运算模块都会向译码单元中的指令发射模块发送工作使能信号，用于指示模块是否处于执行状态。当长周期运算模块工作使能置于高位且译码单元中存在同类型指令需要发射的时候，流水线控制模块会给执行流水线发送停顿信号直到对应执行单元处于空闲状态。在 SpringCore 当中，浮点除法运算类指令设计过程中 Busy 信号会在执行过程中拉高，所以当执行单元的工作忙碌状态为高位时，若译码单元的流水线寄存器中为同类型指令，则处理器需要将译码级流水停顿，不向下发射指令。

2. 访存指令

访存类指令会与存储器及外设交互，即读取/写入数据。在 SpringCore 中，访存单元分别通过三个独立接口与程序空间（Program MEMory，PMEM）、数据空间（Data MEMory，DMEM）以及总线 BUS 相连接。其中，总线 BUS 支持连接多个外设，通过总线控制器读写外设数据，如图 4-8 所示。

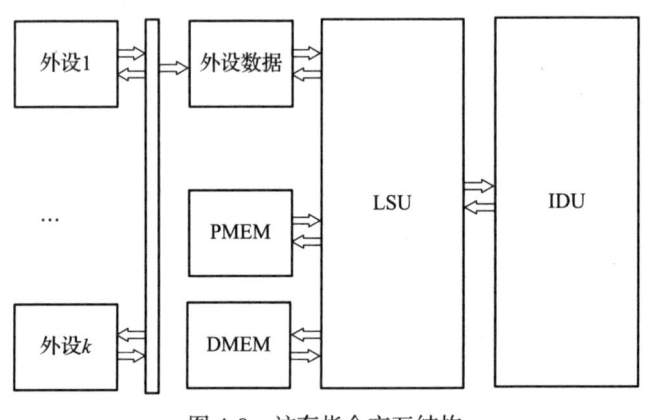

图 4-8 访存指令交互结构

当 LOAD 指令从外设读取数据时，由于总线仲裁存在时钟周期开销，故此时 LOAD 指令等待数据返回的周期数目是不确定的。类似地，STORE 指令向外设写入数据也会存在不定周期。SpringCore 支持写存储队列，即在访存单元设置了一个写缓存用于存放等待的 STORE 指令。当 LOAD 指令在等待数据从存储空间返回或写缓存已经存放指令时，译码单元中遇到相应的访存类型指令需要等待。值得注意的是，由于在 SpringCore 设计过程中，访存单元会在进入执行级打拍后，拉高忙碌信号，当访存单元中 LOAD 模块或者 STORE 模块处于忙碌状态时，若有同类型访存指令在译码级的组合逻辑当中，此时直接停顿流水线前端即可；若有同类型指令在译码级的流水线寄存器当中，此时需要保持译码级流水线寄存器不变。

此外，存储空间也存在读写上的数据相关。当需要读取的地址写入操作尚未完成，或者需要写入的地址读取操作尚未完成时，都构成存储地址的数据相关。这种情况也会触发 LOAD 或者 STORE 指令的 busy 状态。与多周期访存处理方式类似，此时的流水线冒险问题需要通过流水线的停顿来解决。

3. 寄存器堆写回

因为寄存器堆写口的数目有限，且 SpringCore 不同运算单元的指令支持并行执行，所以流水线中存在同一周期多条指令进行寄存器堆写回的场景。当写回指令数目大于寄存器堆写口数目时，就会产生寄存器堆写口不足的问题，即寄存器堆写口结构相关。为了避免这类问题，我们需要让处理器在指令发射之前就知道寄存器堆写口的相应状态。

以 SpringCore 的定点寄存器堆为例，该寄存器堆存在三个读口与两个写口，即最多同时支持两条指令进行写回操作。为了避免寄存器堆结构相关的情景发生，我们在寄存器堆外部嵌套了一层带有控制逻辑的模块，具体微结构如图 4-9 所示。

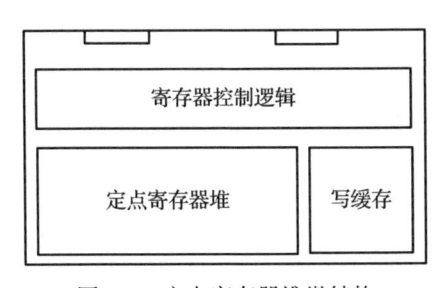

图 4-9 定点寄存器堆微结构

上述寄存器堆主要由三部分构成：定点寄存器堆、写缓存、寄存器控制逻辑。当多个模块同时存在指令在同一周期写回时，寄存器堆控制模块会根据指令操作类型对写回优先级进行仲裁，优先级低的指令对应的数据与地址将暂存于写缓存中。当写缓存满时，寄存器堆会向译码单元发送一个 busy 指示信号来指示写口不足。该指示信号置为高位时，译码单元会停止发送以定点寄存器为目的地址的指令，直到写缓存中指令完成写回。

4.4.3 控制相关

1. 原理与逻辑

控制相关决定了程序中的指令相对于分支指令的位置。处理器应该保证程序中每一条指令都按照程序设计的方向跳转执行。通常为了保证程序结果的正确性，需要对程序中的控制相关进行保留。控制相关最简单的体现就是在 if-else 语句模式当中，例如在以下代码段中，执行语句 S1 与分支条件 p1 存在控制相关，执行语句 S2 与分支条件 p2 存在控制相关。

```
if p1{//分支条件 p1
S1;//执行语句 S1
};
if p2{//分支条件 p2
S2;//执行语句 S2
};
S3;//执行语句 S3
```

通常情况下，控制相关会对指令流施加两个约束条件：

1）如果一条指令与一个分支控制相关，那就不能把这条指令移动到分支条件运算之前，使其执行不受控于分支条件。在上述代码中 S1 执行语句不能在判断 p1 条件之前执行。

2）如果一条指令与一个分支不存在控制相关，则不能把这条指令移动到分支条件运算之后，使这条指令受分支条件的影响。在上述代码中，不能将 S3 移至分支条件 p1 与 p2 当中。

当处理器能严格保证指令流的执行顺序时，就可以确保控制相关不被破坏。因此在流水线控制设计中，跳转与分支类指令与处理器的控制相关有着直接的关系。

2. 控制实现

RISC-V 定义中，JAL 为无条件跳转指令，作用是将 20 位立即数位乘以 2 作为偏移量，与当前程序计数器（PC）相加，生成最终的跳转目标地址，使处理器跳转并且将程序计数器值加 4 作为结果写入目的寄存器中。SpringCore 译码单元得到该条指令时，会将跳转地址与跳转使能信号发往取指单元，并且清空流水线中所包含的指令数据与控制信号。JALR 同样为无条件跳转指令，其指令作用是将 12 位有符号立即数作为偏移量与操作数寄存器中的值相加得到跳转目标地址，并将下一条指令的程序计数器取值写入目的寄存器。SpringCore 译码单元得到该条指令时，通过加法器计算该指令的跳转地址，并在执行级将跳转地址与使能发往取指单元，且清空流水线中所包含的指令数据与控制信号。

BRANCH 指令是条件跳转指令的总称，该类指令会根据操作数比较的结果决定是否发生跳转。SpringCore 在执行级通过定点运算单元进行跳转条件的判断，并将判定结果与跳转地址一起发往取指单元。

4.5 流水线低功耗控制

RISC-V 架构并没有定义低功耗指令。但是为了给操作系统提供更丰富的调度方法，RISC-V 在其特权架构标准中定义了中断等待指令（Wait For Interrupt，WFI）。当处理器遇到该指令时，会将内核中的时钟信号全部置为低位，此时所有寄存器都将保持不变。这种状态可以使处理器节省大量动态功耗从而达成低功耗的目标。当有中断发生时，处理器将从上述低功耗的状态下被唤醒，重新进入工作状态。SpringCore 通过有限状态机实现低功耗控制对应的状态转换，如图 4-10 所示。

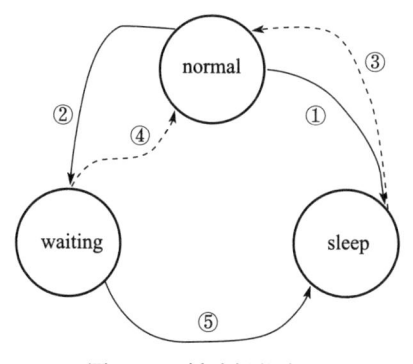

图 4-10 低功耗状态机

SpringCore 的工作状态分为 normal、waiting、sleep。其中 normal 代表处理器正常工作；waiting 代表处理器需要等待满足低功耗条件；sleep 代表处理器处于低功耗状态。三种状态基于 WFI 指令、中断、流水线状态进行转换。当处于 normal 状态时，若得到 WFI

指令并且满足进入低功耗模式的条件,则会直接进入 sleep 状态(对应①),若 normal 状态得到 WFI 指令但尚未满足进入低功耗模式的条件则会将当前请求挂起进入 waiting 状态(对应②)。其中,进入低功耗模式的条件需要处理器内部进行判定,SpringCore 的判定模块设计在译码单元中。当处理器所有已发射的指令都处理完毕才满足进入低功耗模式的条件,否则会在 waiting 状态等待至指令处理完毕(对应⑤)或者等待过程中被中断唤醒(对应④)。当处理器处于低功耗模式时,若外部发出唤醒中断,处理器会打开核内时钟并进入 normal 状态(对应③)。

当唤醒中断发生时,处理器将设置控制和状态寄存器当中的 mepc 值为 PC+4(即 WFI 之后的那条指令的地址)。在机器模式下,当中断处理结束,MRET 返回时,取指单元将获得 mepc 的值,从而使得处理器会执行 WFI 之后的那条指令。

4.6 循环控制

循环控制功能通过 RPTB 指令实现。该指令主要功能是使处理器拥有零开销支持硬件循环的能力。SpringCore 设置有专用处理模块 Hwloop,用于设置循环次数寄存器(loop count)等状态信息。处理器会根据循环状态信息进行不间断的取指与执行,每完成一次循环 loop count 的值将减少 1,持续循环到 loop count 的值变成 0 退出循环。例如,下列用于平方和计算的程序:

```
for (int i = 0; i < n; i = i + 1) {
    total = total + i * i;
}
```

对应的 RISC-V 指令程序段对应如下所示:

```
# Start of for loop.
    addi    x1, zero, 0      # i = 0
    bge     x1, x2, _joinPoint # If i >= n. our condition is false

_forLoop:
    mul     x3, x1, x1       # t3 <- i * i
    add     x5, x5, x3       # total = total + i * i
# Now we increment i and loop.
    addi    x1, x1, 1        # i = i + 1
    blt     x1, x2, _forLoop # Checking if i < n.
```

```
_joinPoint:
    # Code after loop.
    # ...
```

处理器在执行上述程序时，会通过条件跳转指令对分支条件进行判断，若满足循环条件则通过 blt 指令跳转至 forLoop 代码段的起始位置。因为 SpringCore 是通过基于流水线冲刷的方式执行跳转指令控制，所以在执行软件循环时会造成时钟周期的损失。为了减少循环程序带来的性能损耗，SpringCore 自定义了 RPTB 指令，用于替代循环条件判断的条件跳转指令。如下所示，通过 RPTB 指令替代 blt 指令，在编译阶段 SpringCore 就可以得到循环长度以及循环次数。循环执行"#"中所包含的代码段达到目标循环次数，从而通过不使用条件跳转指令来达到减少时钟周期损耗的目的。

```
    # Start of for loop.
    addi    x1, zero, 0      # i = 0
RPTB  #repeat code in # n time
###################################
    mul     x3, x1, x1       # t3 <- i * i
    add     x5, x5, x3       # total = total + i * i
    addi    x1, x1, 1        # i = i + 1
###################################

_joinPoint:
    # Code after loop.
    # ...
```

循环指令会控制流水线的指令执行顺序，SpringCore 设计的循环控制流程图如图 4-11 所示。当指令译码单元（IDU）获取循环指令后，会将循环信息写入控制和状态寄存器（CSR）相应地址，其中包含循环指令代码段长度，循环次数、循环开始地址及循环使能状态。循环控制模块（Hwloop）会从控制和状态寄存器当中读取相应信息，结合译码模块的控制信号及指令地址进行仲裁。当前地址未达到循环结尾时，会发送使能信号

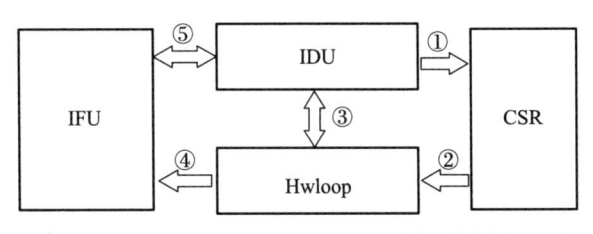

图 4-11 循环控制流程图

使取指单元继续按顺序进行取指，当前地址到达循环段最后一条指令且循环次数未归零时，会发送给取指单元循环起始地址使其继续循环。在这个过程中，译码单元发送到流水线的停顿控制信号会与循环控制模块共享，当流水线停顿时，循环控制模块也会进入暂停状态。

值得注意的是，循环指令的使用会受到流水线微结构本身的限制，所以对于循环代码段使用的条件需要在编译时施加约束。首先，循环代码段的指令数目不能小于流水线前端的长度，否则将需要引入流水线冲刷来清除额外指令，这样做不仅增加了微结构复杂度，还丧失了循环指令减少流水线冲刷的作用。例如，SpringCore 流水线前端（取指 F1、取指 F2、取指 PD、译码 ID）长度为 4 级，所以 SpringCore 所支持的循环代码段最少需要包含 4 条指令。并且，循环代码段中不能支持存在跳转指令跳出循环代码段，否则流水线将不能正常支持后续取指操作。

对于数字信号处理领域的函数库，通过 for 循环求结果的函数段占比较大，以增加硬件复杂度为代价支持循环指令可以获得较高的性能提升。

4.7 控制和状态寄存器

控制和状态寄存器（CSR）单元是处理器内部除通用寄存器以外的重要结构寄存器，定义了若干不同的 CSR 与不同的特权级别相联系，处于较低特权级别的 CSR 可以在更高的特权级别下被访问。控制和状态寄存器（CSR）单元负责不同特权级别下的中断和异常、系统性能监测、系统信息、debug 操作、存储保护、浮点运算、硬件循环等机制的配置和状态信息显示。在 RISC-V 指令集中，支持了处理器不同特权状态级别、中断与异常、虚拟存储管理等机制有机结合，使得处理器使用更加安全、便捷。

在系统信息部分，CSR 可以反映指令集架构、制造商 ID、微结构 ID、硬件实现编号等处理器最基本的信息。

在中断和异常部分，CSR 中定义了中断使能和等待寄存器、中断原因寄存器、中断优先级寄存器、中断阈值寄存器、中断响应完成寄存器、中断返回地址寄存器等支持中断异常机制的寄存器，是实现中断异常机制的基础，在中断使能和等待、中断优先级仲裁、程序执行流进入中断服务程序、中断退出恢复正常程序执行流等节点上发挥着重要作用。程序员可以通过读写中断相关 CSR 来管理中断和获知中断状态。

在系统性能监测部分，CSR 中定义了关于处理器执行周期、退休指令数、LOAD/STORE 指令数、ALU 运算指令数、分支跳转指令数、无条件跳转指令数、存储 FIFO stall 数、IXU 写端口冲突、FXU 写端口冲突等硬件性能监测事件，实现了对处理器内部的程序指令执行状态的感知，既有利于对处理器进行量化分析，也有利于程序员优化程序设计，实现软件和硬件的最佳结合。

在调试部分，CSR 中定义了支持 debug 操作相关的寄存器，包括支持从 debug 模式返回的 dpc 寄存器、debug 优先级原因的 dcsr 寄存器、debug 特权级别寄存器、debug 暂存寄存器等，是处理器内部支持 debug 机制的重要基础。

此外，还包括关于存储保护、浮点运算等指令集定义寄存器和硬件循环、乘累加寄存器、移位数寄存器等自定义寄存器，它们分别支持不同的功能。

4.8 本章小结

本章阐述了流水线的原理与作用，以 SpringCore 处理器作为设计样例，介绍了在数字信号处理器设计当中，如何面向具体场景设计流水线以控制电路。希望读者通过阅读本章，能对基于 RISC-V 架构数字信号处理器内核的流水线控制设计有基本了解。

CHAPTER 5

第 5 章

访存结构

存储是用于计算机暂时存放信息的系统，访存系统是处理器的重要部件之一。性能方面，在摩尔定律发展的几十年里，处理器核的运算速度不断得到提升，而存储器访问速度的提升慢于主频的提升，因此造成存储器速度远低于处理器核运算速度，现有的处理器体系结构需要内核与存储器之间频发的数据交换，因此产生了"存储墙"的性能瓶颈；安全方面，存储系统储保存处理器运行的重要信息，访存单元中对信息安全的保护是保障芯片安全的重要功能之一。围绕 SpringCore 访存的性能与安全这两部分特性，本章将从 SpringCore 存储结构、存储属性与保护、访存模块设计以及存储一致性四个方面分别进行阐述。

5.1 存储结构

SpringCore 的存储空间主要分为全局存储空间（global memory）、局部存储空间（local memory）以及外部存储空间（external memory）三个区域。各存储区域内通过指令、数据两组独立的数据通路与内核 LSU、取指单元（Instruction Fetch Unit，IFU）相连，SpringCore 系统的访存结构如图 5-1 所示。

从存储的系统结构角度看，SpringCore 存储与 SpringCore 内核、加速器核（例如控制律加速器 CLA）以及外部访存主设备（例如 DMA）相连，三者均作为主设备，可发起

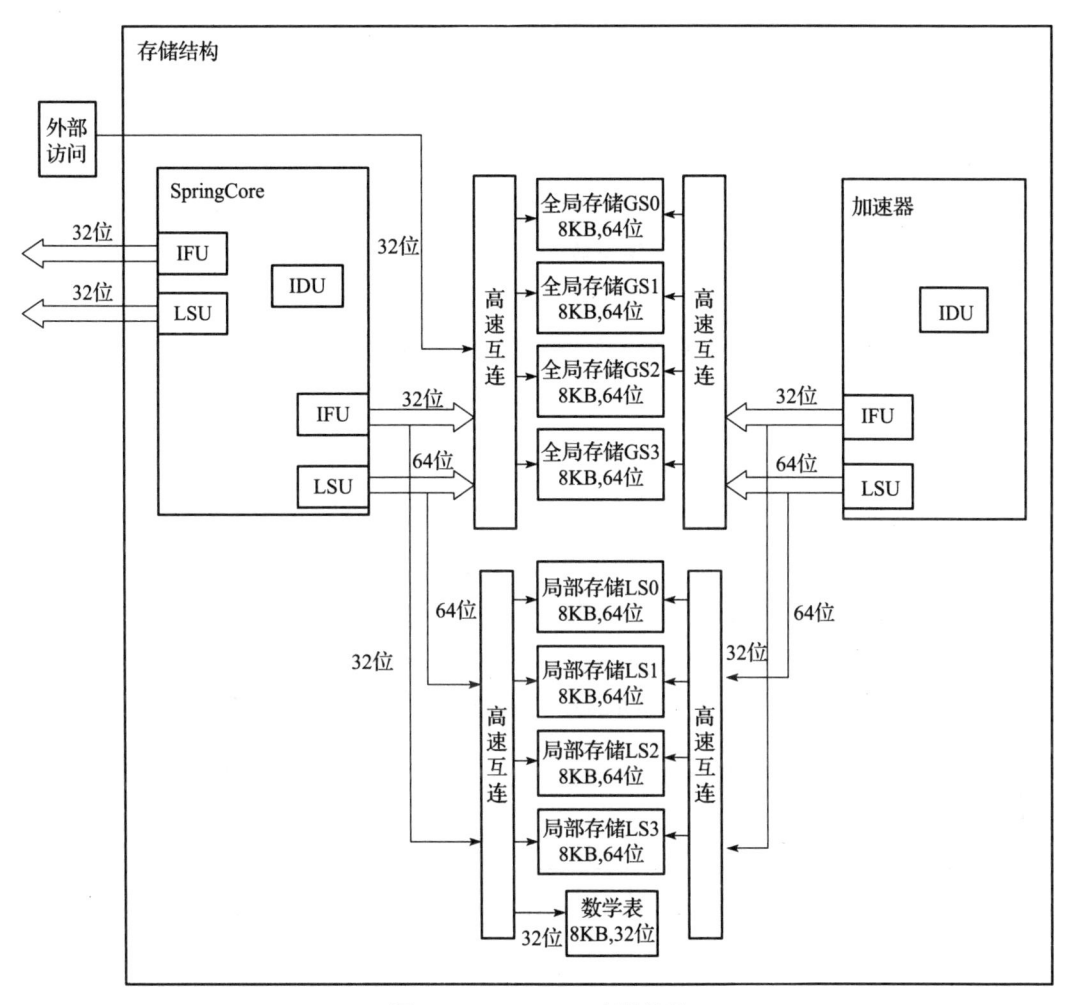

图 5-1 SpringCore 存储结构

访存请求。但各主设备访问的区域有限制：全局存储区域是系统共有的存储区域，因此 SpringCore 内核、加速器核、外部访存主设备均可进行访问；局部存储区可视为 SpringCore 系统私有的访存区域，因此将会对外部设备的访问请求加以屏蔽，存储区内的数据、指令将由 SpringCore 内核与加速器核共享，全局与局部存储区内可存放数据、指令，在全局存储区 GS0～3、局部存储区 LS0～3 内存放数据的区域被称为 DMEM，存放程序的区域被称为 PMEM；外部存储区域是外挂集成在 SoC 上的外部存储区，用于存储空间的扩展以及外设等数据的存放，由于加速器核是 SpringCore 的附属加速设备，因此，不具备访问外部存储的功能，但具备访问与 SpringCore 共享的外挂外设寄存器的能力。存储通过分层次的方式加以区别,系统中各访存主机对不同层次有不同的访问权限,以实现更安全的存储隔离。

从存储结构内部看,SpringCore 的访存结构采用指令、数据存储分离的哈佛结构,与冯·诺依曼结构不同,冯·诺依曼结构中的程序指令和数据共享相同的存储和路径。SpringCore 的三块存储区域中,程序与数据的存储单元统一编址、独立访问。程序将存储在指令空间,数据将存储在数据空间,具有指令、数据两条独立通路,分别与 IFU、LSU 相连,即这种分离的数据通路设计将使得处理器可以在同一个时钟周期内访问指令字与操作数,从而提升访存效率。

取指单元、访存单元通过 SoC 总线与外部地址空间直接相连,可以访问 SoC 映射空间的指令或数据。在 SoC 地址映射空间中,包含了几类存储区域。一方面,SpringCore 提供了丰富的外设支持,例如 ADC、ePWM、CAN 等,这些外设具有存储映射的寄存器,LSU 通过 SoC 总线对外设数据可进行访问。另一方面,SoC 地址映射区域还包含了 Flash、启动只读存储器(Boot Read-Only Memory,Boot ROM)、用户一次性可编程寄存器(User One Time Programmable Register,User OTP),用作 IFU 的外部取指。

SpringCore 地址映射情况如表 5-1 所示。

表 5-1　SpringCore 地址映射

地址类型	描述	地址范围
SoC 地址映射空间	外设帧 0	0x0000_1000 ~ 0x0000_3FFF
SoC 地址映射空间	外设帧 1、2、3	0x0000_A000 ~ 0x0000_FFFF
DMEM 地址空间	SpringCore 核、加速器核、外部主设备数据访问	0x0001_0000 ~ 0x0001_FFFF(GS0~3)
PMEM 地址空间	SpringCore 核、加速器核指令访问	0x0010_0000 ~ 0x0010_FFFF(LS0~3)
SoC 地址映射空间	Flash、User OTP、Boot ROM	0x0060_0000 ~ 0x007F_FFFF

5.2　存储属性与保护

一个完整系统的物理存储映射包括各种地址范围,一部分地址映射到内存区域,一部分地址代表内存映射的控制寄存器,另外的一部分映射到地址空间中未使用的保留空间中。各地址区域具有不同的限制，例如部分存储区域不支持读写执行，部分存储区域不支持半字访问、原子访问等。我们把各个存储区域的特性称为物理存储属性（Physical Memory Attribute，PMA），并赋予各物理存储区域不同的权限。

固件安全保护是 SpringCore 中包含的一项安全功能。通过控制片上安全存储器（和其他安全资源）的可见性，阻止未经授权的人员对其访问，防止具有知识产权的软件代码被盗用。"安全"意味着访问片上安全存储区域和资源被限制，而"不安全"指内容可以通过非授权途径被读取访问。本节接下来将介绍物理存储属性、安全域及访存保护机制的相关内容。

5.2.1 物理存储属性

在 RISC-V 架构中，访问特定物理地址空间存储区域的特性被称为物理存储属性（Physical Memory Attribute，PMA）。PMA 是系统在运行时不随程序运行上下文而变化的底层硬件固有属性。从定义方面看，PMA 可在三个时机定义：一部分存储区域的 PMA 在芯片设计阶段已确定，例如说片上的只读存储；另一部分地址区域在板级设计时被确定，诸如与外部总线相连的其他芯片；而有部分地址可以在运行阶段可配置，从而达到同一存储的不同使用目的，例如，片上的随机存取存储器（Random Access Memory，RAM）在某种用途中可被配置为某核的私有缓存，而在另一种用途中被配置为多核共享的非缓存存储。

SpringCore 中典型的 PMA 主要分为三类，分别描述如下：

第一类是存储区域类型。存储地址区域类型是指该地址区域属于主存、I/O 设备，或未使用区域。SpringCore 的全局存储区域、本地存储区域均属于主存的范畴。I/O 设备对应 SpringCore 地址空间的 SoC 地址映射空间，通常是不属于主存地址空间的设备，例如 PWM、ADC 等各种外设数据。未使用区域通常被称为空泡，具备不可访问的特殊属性。

第二类是访问方式，一段物理存储区域通常具有不同的访问方式限制，例如，PMA 规定了访问的位宽，定义了对齐/非对齐访问特性以及读/写/执行的权限。访问位宽方面，物理地址的访问可短至字节（8 位）长至多字的突发高速访问。对齐特性方面，取指或访存单元实现决定了是否支持对齐或非对齐访问。存储权限方面，不同存储区域可被赋予不同的访存用途。例如针对数据空间，可指定该区域支持读写。针对程序空间，可指定该区域支持读与执行。对于 I/O 空间（SoC 地址映射空间），可以指定支持数据宽度的读、写或执行访问组合，这是由具体实现决定的。

第三类为原子性以及顺序模型。PMA 的原子性描述了该地址区域支持的原子指令类型。RISC-V 架构对原子指令的支持分为两类：原子存储操作（Atomic Memory Operation，AMO）与读取保留/条件存储（Load-Reserved/Store-Conditional，LR/SC），用于保证不同内核对共享存储访问的正确性。

访存顺序模型的 PMA 规定了该物理存储区域内访存指令实际执行顺序所应遵守的顺序。在关注顺序模型 PMA 时，地址空间被划分为主存区域和 I/O 区域。RISC-V 规定，对于主存区域而言，采用的顺序模型为 RISC-V 弱内存排序（RISC-V Weak Memory Ordering，RVWMO）或 RISC-V 全存储排序（RISC-V Total Store Ordering，RVTSO）（关于存储一致性模型将在 5.4.2 节中详细叙述）。对于 I/O 区域的访问，通常以宽松或强顺序这两种方式中的一种来访问 I/O 区域。具有宽松顺序要求 I/O 区域的访问通常采用 RVWMO 存储区域的访问顺序的方式，而具有强顺序的 I/O 区域的访问通常遵循程序顺序。SpringCore 的主存区域采用 RVWMO 的顺序模型，而 I/O 区域则采用程序顺序进行访问。

原子性以及存储一致性模型将在 5.4 节中进一步叙述。

5.2.2 安全域

安全域是 SpringCore 固件安全保护的方式。不同地址区域具有不同的安全等级，通过划分安全域的方式提供地址空间安全等级的差异性，尽可能地保证用户在正常使用的情况下，不具备代码与敏感数据的访问权限，这是芯片安全常用的方式。

SpringCore 被定义为安全域的区域通常为代码存放区域、敏感数据区域、影响程序运行的配置寄存器等。在 SpringCore 的地址映射区域中，全局或本地存储器的指令存储区、Flash 是位于安全域内的，用于保护程序运行代码的安全。Flash 配置寄存器、User OTP 等能影响芯片运行时带有配置功能的寄存器也将受到保护。此外，敏感的数据将会被保护。例如，芯片的密码需要在必要时进行核验从而对芯片进行解锁，而密码等敏感信息不可被非权限人员盗取。ADC 校准数据涉及 ADC 外设的设计细节，出于防止逆向设计的原因，ADC 校准数据的区域也受到严格的保护。图 5-2 为 SpringCore 安全域的示意图，图上方为低地址、下方为高地址。

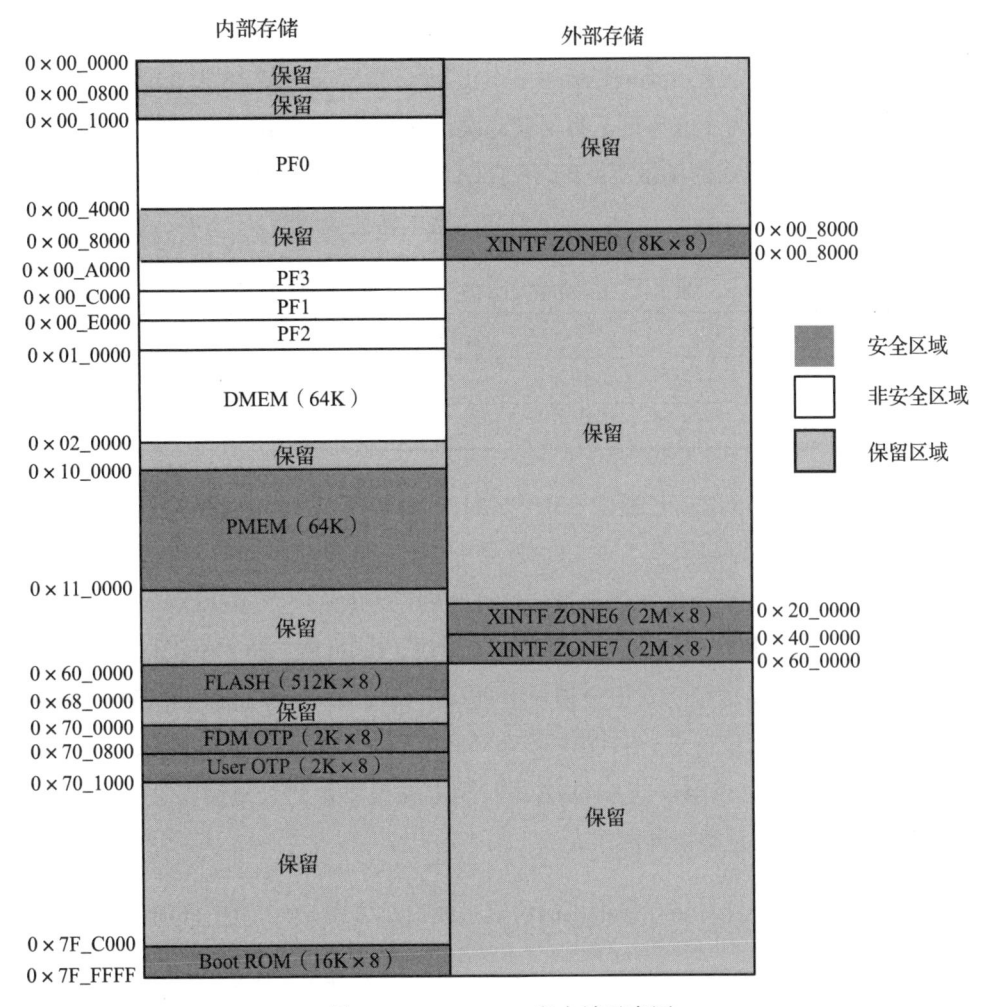

图 5-2 SpringCore 安全域示意图

5.2.3 访存保护机制

本节将介绍 SpringCore 如何利用上述的安全域对代码、数据内容进行保护。SpringCore 访存保护机制主要分为两个部分,一为保护区域的划分,二为安全锁,二者配合能保证访问区域与对应内容的安全性。

安全锁的作用是用于区别芯片用户的权限。通常在特定模式下,需要进行密码验证,如果密码验证正确将会取得芯片的控制权。因此,SpringCore 的安全保护机制引入了密码解锁功能。当密码得到验证,则表明芯片的用户具有较高的访问权限,将可以访问包括安全域在内的所有地址空间。而当密码没有得到验证或验证后错误的情形下，位于安全域内的访问将被阻止。在 SpringCore 中，IDU 将会通过 secure_op 来标记是否为安全操作，LSU 在 secure_op 为 1 的情形下将屏蔽此次访存行为。secure_op 的取值范围如表 5-2 所示。例如，在调试模式的场景下，PC 位于 DebugROM 的地址空间内，用户通过 JTAG 未解锁，其访问内部寄存器的 LOAD 或 STORE 操作将会被忽略。

表 5-2 SpringCore 的 secure_op 取值

secure_op	PC 在安全域	PC 不在安全域
密码验证正确 / 解锁	0	0
密码验证错误或未验证 / 未解锁	1	0

IDU 通过 secure_op 的信号通知 LSU 该访存操作是否应屏蔽。如果显示被屏蔽的访存，在 LSU 将被判定为假操作。在 LOAD 指令下，LSU 收到 IDU 关于假操作的标志，判断目的地址是否为密码地址，如果目的地址为密码地址的假操作 LOAD，则需要向总线发起读请求，这样设计的目的是与 Flash 安全模块（Code Security Module，CSM）进行握手，如果访问密码地址则将在安全模块中进行密码核验。如果此时访问除密码地址以外的地址，则不会发出读请求。STORE 指令稍有不同，一旦标识为假操作，则存储的数据将被丢弃。假操作在 LOAD 与 STORE 的行为存在差异性的根本原因是针对密码地址的处理需要与安全模块进行协同操作。

从流水线角度看，针对访存保护机制的流水线操作将在 5.4.2 节中详细叙述。

5.3 访存模块设计

5.3.1 访存功能

RISC 架构常采用专用的访存指令（LOAD 或 STORE）对存储器（memory）进行读写，其他普通指令不具备存储器的访问权限。SpringCore 作为 RISC-V 架构的处理器，其访存模块称为 LSU，LSU 连接了指令译码单元（Instruction Decode Unit，IDU）、寄存器堆、全局或本地存储器、中断控制器与 SoC 外设总线。

RISC-V 架构的访存指令结构十分简单，主要有以下 4 个显著特点：

1）为了提高存储器的读写速度，RISC-V 架构推荐采用地址对齐的存储器读写操作，但同时也支持非对齐访问，在实现上可选择硬件或软件支持。

2）RISC-V 架构仅支持小端格式的访问。

3）为了简化处理器设计难度，RISC-V 原生指令集不支持地址自增自减功能。

4）RISC-V 架构采用松散存储的模型（relaxed memory model），即对于访问不同地址的存储器读写指令的执行顺序没有明确要求，除非使用原子指令、FENCE 指令对访存顺序加以屏蔽。

LOAD 操作将全局／本地／中断控制器/SoC 外设数据通过 LSU 的控制将数据放置在寄存器堆中。处理器将访存指令解码，指令码、指令操作数、目标寄存器标号等信息从 IDU 发送到 LSU。LSU 根据地址向全局、本地存储区，中断控制器以及系统总线发送读请求，返回数据写入寄存器中。STORE 操作与 LOAD 操作相反，STORE 操作将放置在寄存器堆中的数据写入全局／本地／中断控制器寄存器/SoC 地址空间内。完成 LSU 的 LOAD、STORE 功能中，主要涉及 3 点微结构方面的设计考虑，用于提升访存性能，分别是地址对齐、存储缓存以及地址后增，本节将对其进行详细介绍。

从编程模型的角度看，32 位 RISC-V 架构的存储器系统是以 4 字节（32 位）为一个存储、传输单位，因此地址值为存储、传输单位整倍数的访问被称为对齐访问。RISC-V 基础指令 I 扩展以及 SpringCore 为提升访存性能而增加的 DSP 扩展指令集中支持字节（1 字节）、半字（2 字节）以及字（4 字节）的访存指令，指令列表如表 5-3 所示。上文提到，RISC-V 推荐采用对齐方式进行访存，SpringCore 与紧耦合存储、总线之间的协议仅支持 4 字节对齐访问。由于指令支持不同位宽的访存行为，因此在 LSU 的设计中，将源或目的地址后两位为 01、11 地址视为字节模式访问，符号扩展或 0 扩展到 4 字节。源或目的地址后两位为 10 地址被视为字节模式或半字模式访问，符号扩展或 0 扩展到 4 字节。以上过程被称为地址对齐。

表 5-3 SpringCore 访存指令汇总

指令名称	指令操作	指令位宽	访存方向
LW（.PM）	将内存 32 位数据装载到目的寄存器	字（32 位）	装载
LH（.PM）	将内存 16 位数据符号扩展为 32 位装载到目的寄存器	半字（16 位）	装载
LHU（.PM）	将内存 16 位数据 0 扩展为 32 位装载到目的寄存器	半字（16 位）	装载

（续）

指令名称	指令操作	指令位宽	访存方向
LB（.PM）	将内存 8 位数据符号扩展为 32 位装载到目的寄存器	字节（8 位）	装载
LBU（.PM）	将内存 8 位数据 0 扩展为 32 位装载到目的寄存器	字节（8 位）	装载
FLW（.PM）	将内存单精度数据装载到目的寄存器	字（32 位）	装载
SW（.PM）	将源寄存器 rs2 的 32 位数据存储至内存	字（32 位）	存储
SH（.PM）	将源寄存器 rs2 的低 16 位数据存储至内存	半字（16 位）	存储
SB（.PM）	将源寄存器 rs2 的低 8 位数据存储至内存	字节（8 位）	存储
FSW（.PM）	将源寄存器 rs2 的单精度浮点数据存储至内存	字（32 位）	存储

注：（.PM）表示该指令具有对应功能的自增自减版本的扩展指令。

RISC-V 架构采用松散存储的模型（relaxed memory model），即对于访问不同地址的存储器读写指令的执行顺序没有明确要求。SpringCore 运用该特点设计了 STORE 命令存储缓存的优化方案，增加对存储带宽利用效率。存储缓存的功能是将存储操作首先放入缓存中，对 Store 指令的访存请求进行延后处理。由于 STORE 指令的功能是将数据存储以备后续使用，在不存在相关的情况下 STORE 指令执行与否对流水线的运行没有直接的影响，因此，采取缓存设计的初衷是为了释放访存带宽，将访存带宽尽可能留给对流水线性能影响更大的 LOAD 指令，而在访存口空闲时将缓存内的数据按顺序发起访存写请求，实际写入存储器。该缓存采用先入先出（First-In-First-Out，FIFO）策略，用双指针分别指向队列的队首与队尾，新的 STORE 命令被请求时将存入队首，而实际访存将从队尾取数，直至队列被填满。硬件将会判断 LOAD 操作与存储缓存各表项的地址相关性，若存在相关将优先将数据进行前递，从而保证 LOAD 操作的及时性。在后面的内容中，将存储缓存称为 StoreFIFO。

RISC-V 架构力图简化基本指令集，从而简化基本的硬件实现，在基础指令集中不具备地址自增自减的功能。采用该种简洁的指令集选择保证了处理器的可伸缩性，即使是超低功耗的简单 CPU 使用非常简单的硬件电路也可完成设计，但这种方案在连续访存时会牺牲部分性能。目前，很多主流 RISC 处理器具备自增自减模式，以提高处理器访问连续存储地址区间的性能。SpringCore 是一款面向实时控制领域的 DSP，在实时处理速度、性能方面具有一定要求，且指令方面具备零开销循环，具备相邻连续地址的访问需求。因此，我们在设计 SpringCore 扩展指令时，增加了对访存地址自增自减功能的支持。如

表 5-3 所示，在 SpringCore 扩展指令中定义了一系列后增指令（Post Modify，PM），助记符后缀标记为 PM。

另一类特殊的访存指令为原子指令，该类指令属于 RISC-V 架构中的 A 扩展。访存指令分为两类，一类为保留加载（Load Reserved，LR）、条件存储（Store Conditional，SC）。LR/SC 指令通常成对出现，LR 在访存后将该存储区域保留，SC 指令执行将检查 LR 指令保留的存储区域是否被更改，如果未被更改将存储成功，否则失败，并将写回寄存器。另一类为 AMO（atomic memory operation）指令。AMO 指令原子性地进行读 – 修改 – 写（Read-Modify-Write，RMW）序列。这些 AMO 指令从源寄存器中的地址加载数据值，并将该值放入目的寄存器，同时对加载的数值和另一个操作数进行二元运算，然后将结果存储回原地址处，以上过程是原子性的。表 5-4 为 SpringCore 原子指令的汇总。

表 5-4　SpringCore 原子指令汇总

原子指令分类	原子指令名称	原子指令描述
LR/SC	LR	将存储地址的值加载回寄存器，并保留该地址
	SC	将值存入存储地址的同时验证该保留的地址是否被其他核写入，写入则失败
AMO	AMOSWAP	原子性地加载数据值，将另一操作数存储回存储空间
	AMOADD	原子性地加载数据值，并与操作数相加，将结果存储回存储空间
	AMOAND	原子性地加载数据值，并与操作数相与，将结果存储回存储空间
	AMOOR	原子性地加载数据值，并与操作数相或，将结果存储回存储空间
	AMOXOR	原子性地加载数据值，并与操作数异或，将结果存储回存储空间
	AMOMAX[U]	原子性地加载数据值，并与操作数 [无符号] 比较，将大值存储回存储空间
	AMOMIN[U]	原子性地加载数据值，并与操作数 [无符号] 比较，将小值存储回存储空间

5.3.2　访存流水线

LSU 主要位于流水线的执行级（EXecute，EX）、访存级（MEMory，MEM）以及写回级（Write-Back，WB）。流水线前级 IDU 对指令进行译码，经过指令预取（Instruction-Prefetch，F1）、指令对齐（Instruction-Send，F2）、预译码（Pre Decode，PD）与译码（Instruction-Decode，ID），判断指令是否为 LOAD 或 STORE 指令，如果是，将通过 IDU 与 LSU 间的

连线将指令操作码、指令操作数、源/目的地址发送给 LSU。LSU 执行过程如下：

首先，IDU 经过译码将操作数发送给 LSU，而对于 LOAD/STORE 命令，两个操作数分别为源寄存器与立即数，源寄存器中放置访存的基地址，立即数表示偏移，在 EX 级将二者相加计算实际的地址。

RISC-V 架构推荐使用对齐访问，在 EX 级将进行地址对齐操作，如果地址为字节、半字，访问将会根据地址，对齐到对应的数位上。在 SpringCore 的扩展指令支持后修改操作，并在 EX 级将进行该操作存入寄存器中。此外，STORE 指令进行访存是通过 StoreFIFO 进行的，STORE 的入队操作在 EX 级进行。STORE 指令经过计算有效地址、地址对齐、符号扩展后，将会在 EX 级根据操作码的要求打包成为 StoreFIFO 的表项，存入 StoreFIFO 的队列中，以备后续访存使用。

LSU 在 MEM 级进行实际访存。LOAD 指令的操作将会通过 EX 级的寄存器向存储或系统总线发送访存读请求，数据返回时将被存放在 LSU 的 MEM 级寄存器中。STORE 在 MEM 级首先会判断存储器或者总线是否被 LOAD 操作所占用，如果被占用则 StoreFIFO 的表项停止出队，直到访存带宽被释放。

LSU 在 WB 级主要进行 LOAD 指令的写回寄存器操作。LOAD 指令将地址空间内的数据装载至核内的寄存器组，因此 LOAD 指令在该级将存放在 MEM 级寄存器中的返回数据发送给寄存器组，通过 LSU 对寄存器组发送写请求，将数据发送。由于 STORE 是对存储以及地址空间内外设寄存器的写请求，因此不具备写回的操作。

SpringCore 针对安全机制引入了假操作，在流水线的设计也做了该方面的考虑。针对 LOAD 操作而言，EX 级进行假操作以及是否为密码地址的判断。前面提到 LSU 在 EX 级会进行有效地址的计算，因此，LSU 在 EX 级将进行两层判断，第一，判断该 LOAD 指令是否为假操作；第二，如果为假操作，EX 级计算得到的有效目的地址是否为密码地址。如果两层判断都满足，LSU 在 MEM 级则将对密码地址的读请求发送给总线，用于与安全模块进行握手操作，而 WB 级针对密码访问的假操作读请求将不会写回寄存器，否则存在密码泄露的风险。STORE 流水线中，EX 级将进行假操作的判断，如为假操作，则内容将被丢弃，不进入 StoreFIFO 队列。

值得注意的是，部分原子指令的流水线与普通访存指令的流水线不同。LR 指令与普通 LOAD 指令的流水线无异。SC 指令由于需要对存储地址的保留性进行验证，因此在 WB 级将具有写回是否成功的标识。AMO 指令首先进行 LOAD 操作，再进行运算，最后执行 STORE 操作。在 SpringCore 的实现中，LOAD 阶段与普通 LOAD 请求无异，但数据返回后在 MEM 级进行二元运算，并在 WB 级发起写请求。执行 AMO 的过程总线将被该访问完全占有，不响应其他请求，因此在 AMO 的写请求完成之前将不会发起其他请求，即该写请求的优先级高于 StoreFIFO 的其他写请求。

综上，对于 LOAD 指令来说，在 EX 级具有计算有效地址、地址对齐、后修改以及假操作判断的操作。在 MEM 级具有访存读请求、数据返回的操作。WB 级具有写回寄存器的操作，而针对密码验证假操作地写回将被忽略。LOAD 指令访存流水线如图 5-2a 所示。对于 STORE 指令来说，在 EX 级具有计算有效地址、地址对齐、后修改，假操作判断以及 StoreFIFO 的入队操作。在 MEM 级具有访存带宽仲裁、访存读请求的功能。普通的 STORE 指令不修改任何寄存器，STORE.PM 指令在 EX 级完成了写地址寄存器。因此，除 SC 之外，STORE 指令的 WB 级不进行任何操作，STORE 指令访存流水线如图 5-3b 所示。

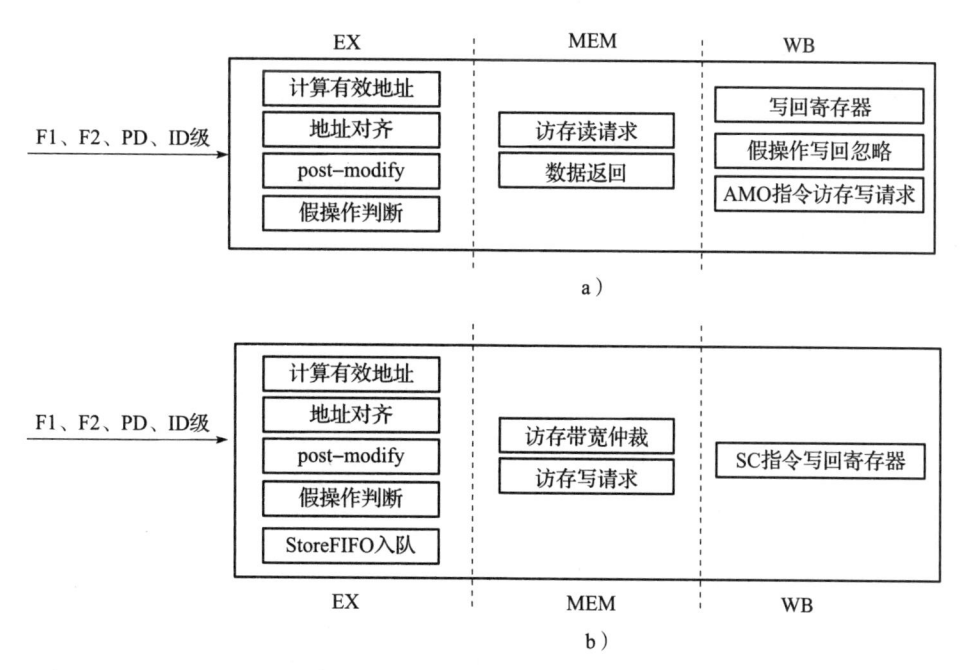

图 5-3 LOAD-STORE 指令流水线

5.4 存储一致性

多处理器系统在共享内存内分配空间，并使用可扩展的互联网络来提供高带宽和低延迟数据交互。同时，内存访问经过高速缓存（cache）、缓冲（buffer）和流水线处理，来补偿较低频率的共享内存和高频处理器之间的性能差距。除非仔细控制，这种微结构优化可能会导致内存访问实际执行顺序与程序员所期望的程序顺序不同。在上述前提下，计算机体系结构领域引入了存储一致性（memory consistency）概念来保证带有多种优化手段的多核系统的访存正确性。SpringCore 系统是由 SpringCore 主核与具有独立流水线的加速器共同组成的，且二者之间存在共享资源的访问。因此，在 SpringCore 设计中，我们引入了存储一致性的实现。

5.4.1 存储一致性定义及意义

在计算机体系结构范畴，存储一致性指定了在多核同时访问共享存储操作的合法顺序。它是一种软件和硬件实现的约定，保证程序员编写程序的访存顺序与存储实际的操作是一致的，并且读取、写入或更新内存的结果是可预测的。

从正确性的角度来看，在单核线性的执行模型下，LOAD 操作始终返回上一个对该地址 STORE 的值。而在多核系统当中，存储顺序变得更加复杂，这是由于多核系统中对"上一个 STORE"的定义是不明确的。不同核如果不加以限制，对同一个存储区域的读写将会有多种合法的执行顺序，导致最终写入存储器的结果是不可预测的。因此，从正确性的角度看，存储一致性模型的意义在于对顺序加以明确的限制，以准确地知道"上一个 STORE"，从而获得确定性的执行结果。

从性能的角度来看，在不能保证正确性的情况下，只能通过顺序模型进行执行从而保证实际的访存顺序能与软件指令编写的顺序保持一致，严格的顺序执行使得访存失去了许多调度优化的潜力。在能保证正确性的前提下，越宽松的顺序模型施加给访存的限制越少，从而释放出更多的性能。下一节将介绍不同粒度的存储一致性模型。

5.4.2 存储一致性模型

体系结构中比较有代表性的存储一致性模型，由严格到宽松排分别有：顺序一致性模型（sequential consistency）、完全存储定序模型（total store consistency）、部分存储定序模型（partial store consistency）以及弱一致性模型（weak memory ordering）。

从存储器的视角来看，无论有多少个处理器核，对于该存储器的访存执行顺序只有四种：写后读（Read After Write，RAW）、读后读（Read After Read，RAR）、读后写（Write After Read，WAR）以及写后写（Write After Write，WAW）。如果以上四种顺序全部遵守，那么各处理器核的访问可以严格按照程序代码的顺序执行对内存的 LOAD 与 STORE 操作。此时，多核系统遵守顺序一致性模型。除此之外，具有松弛条件的其他一致性模型均为宽松一致性模型（relaxed memory consistency），接下来将介绍几种典型的宽松一致性模型。

由于对于流水线而言，读数据的紧迫程度更高，因为如果读数据发生延迟，将导致流水线的停顿。因此，在上述四种顺序中，选择放松写后读条件，即允许不存在相关的读操作比前序的写操作更早执行，我们得到完全存储定序模型。该存储模型允许 LOAD 先于 STORE 执行，而 STORE 需要等待前序的 LOAD 与 STORE 均执行完后再执行。遵守该一致性模型的典型微结构优化是前文所提及的 StoreFIFO。

在完全存储定序模型的基础上，继续放松写后写条件，即允许 LOAD 可在先序 STORE 前执行，STORE 也可在先序 STORE 前执行，这种一致性模型为部分存储定序模型。

而最为宽松的一致性模型为弱一致性模型，该种模型在硬件执行上不对访存增加任何限制，即在部分存储定序模型的基础上继续放松读后读、写后读顺序条件，而在必要的时刻，由程序员通过显示调用存储屏障指令、原子指令用于同步共享存储的访问来保证正确性。弱一致性模型理论上具有最高的访存性能。

RISC-V 提供两种存储一致性协议，分别为 RVWMO（RISC-V weak memory ordering）与 RVSTO（RISC-V total store ordering）。RVWMO 遵守弱一致性模型，通过访存屏障指令 FENCE、原子指令进行显式的存储同步；RVSTO 遵守完全存储定序，通过诸如全局 StoreFIFO 等硬件实现机制进行保证。

存储一致性是重要的 PMA，SpringCore 的地址空间分为主存与 I/O 空间。主存空间由于 SpringCore 主核与加速器核之间相互独立运行，因此遵守 RVWMO 的一致性协议，以提高二者的访存效率，而 I/O 空间涉及外设帧，通常具有严格的顺序要求，出于正确性考虑，采用了最为严格的顺序一致性模型。

5.4.3 顺序同步指令及原子指令

1. FENCE 指令

在 RISC-V 中，FENCE 指令被用作访存同步的屏障，在 RVWMO 一致性模型下，由程序员显式调用来达到保证访存按程序顺序执行的目的。该指令的语义是，在 FENCE 指令之前的所有指令结束前，FENCE 指令后序的任何指令尚未开始执行。与原子指令不同，FENCE 指令的作用范围是全局的，即可跨存储区域（主存区域与 I/O 区域）进行访存同步。

2. 原子指令

如 5.3.1 节所述，原子指令分为 LR/SC、AMO 两类指令，用于主存区域的原子性功能实现，表 5-4 罗列了 SpringCore 所支持的原子指令。原子指令的意义在于在同一时刻，有且只有一个进程对共享存储进行操作，保护共享存储的正确性。

LR/SC 机制以及 AMOSWAP 指令的实质是为多线程软件提供锁机制。多线程编程中，临界区是指访问共享存储的程序片段。由于该共用存储无法同时被多个线程访问，因此线程进入临界区前将对进入临界区的权限进行竞争，该竞争机制被称为锁，保证了临界区的互斥访问。下面是使用 AMOSWAP 指令实现互斥锁的示例代码。

```
# 例：该锁被占用时值为1，空闲时值为0，通过amoswap指令交换1与0抢锁
li t0,1                    # 给占用锁的状态赋初始值，即给t0寄存器赋1
again:
lw t1,(a0)                 # 检查锁是否被占用
bnez t1,agai               # 如果值不为0，则表示该锁被占用，重新尝试抢锁
amoswap.aq t1,t0,(a0)      # 获取锁：向锁写入1
bnez t1,agai               # 如果值不为0，则表示该锁被占用，重新尝试抢锁
#……
临界区
#……
amoswap.rl x0,x0,(a0)      # 释放锁：向锁写回0
```

其他 AMO 指令提供了字为单位的原子 RMW 序列。该类指令通常用于实现高级语言的多线程原语。例如，实现高级语言中的多线程并发的计数器，编译器可将其映射为 AMOADD 指令，进行原子的累加操作。

5.5 本章小结

本章从 SpringCore 的访存系统出发,详细阐述了 SpringCore 存储结构划分、RISC-V 架构的物理存储属性及固有安全保护方法。接下来介绍了 SpringCore 访存模块的设计、访存流水线结构,以及多核场景下的存储访问顺序与共享资源的保护等多个方面。最后讨论了包括针对实时控制领域 DSP 的存储结构选择,安全特性的设计,RISC-V 架构特性下 SpringCore 访存方式的权衡取舍与优化,以及访存流水线设计等多项与访存相关的议题。读者阅读本章后,将会对 RISC-V 架构 DSP 的访存系统有更为全面且深入的理解。

CHAPTER 6

第 6 章

运算部件

运算部件是处理器中负责执行指令运算操作的功能部件，运算部件支持的功能种类多、复杂程度高，时序上往往是关键路径所在且资源占用较高的，因此，运算部件在处理器设计中十分关键。在特定的工艺下，实现所需要的运算功能往往有多种不同的硬件算法方案，在设计过程中要进行不同性能、功耗和面积指标之间的权衡取舍来选择最合适的硬件实现方案。在 SpringCore 中，运算部件负责 RV32-IMAFC 指令和自定义扩展指令的运算操作的执行，我们按照指令处理数据的类型将不同指令的运算操作划分到定点运算部件和浮点运算部件两大部件中去执行，在本章中将具体介绍定点运算部件和浮点运算部件这两类运算部件的设计。

6.1 定点运算部件设计

定点运算部件负责整数类型数据的计算，它在处理器中规模相对较小，但在功能上却最为常用，是 DSP 处理器的核心运算部件。定点运算部件负责执行与或和异或等逻辑运算、加减乘除和乘累加等算术运算、逻辑移位和算术移位等移位运算、大于小于等于等比较运算、条件分支方向和无条件跳转返回地址的计算等定点运算操作。SpringCore 的定点运算部件主要包括 32 位超前进位加法器、32 位布什 – 华莱士树乘法器、双 16 位乘累加器、32/64 位移位器、32 位基 4 SRT 除法器等功能模块，该定点运算部件中除了除法类操作是多周期操作外，其他运算操作均能在单周期之内完成。

6.1.1 定点运算部件的结构

下面介绍如图 6-1 所示的 SpringCore 定点运算部件的结构，SpringCore 中根据定点指令操作类型的不同将定点运算部件划分为乘法器、除法器、移位器、乘累加器、逻辑运算单元等功能模块，不同的功能模块负责执行相应操作类型的指令的运算操作。在接收处理器流水线译码单元发送的操作码、操作数、时钟、复位等数据信号和控制信号后，定点运算部件首先通过操作码去识别指令运算操作的类型，然后将不同类型的操作分配给各个功能模块去执行，待运算操作完成后通过多路选通单元选择期望的结果。

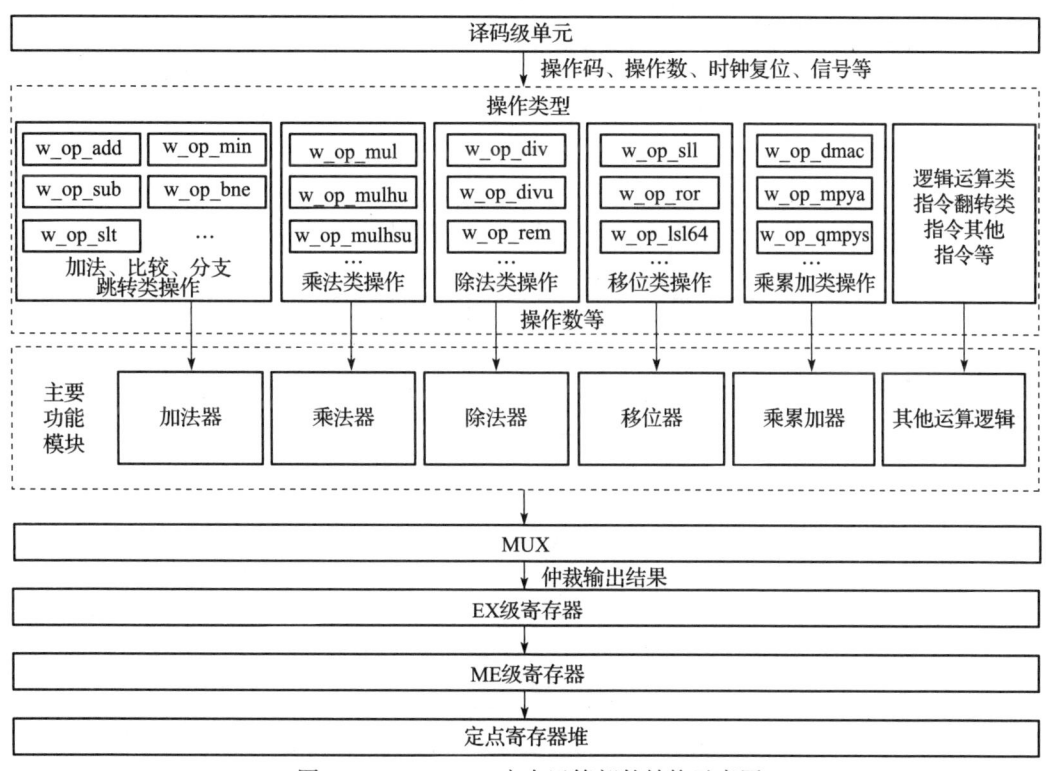

图 6-1 SpringCore 定点运算部件结构示意图

在 DSP 处理器中，定点运算部件负责实现的指令运算操作较多、使用较为频繁，处理器中每一条指令运算操作的实现都需要有相应的数字逻辑电路去支持，每一种指令运算操作都去独立地实现数字逻辑电路会造成芯片面积较大和增大芯片功耗，这就要求在满足处理器时序路径长度要求的前提下，芯片设计者要尽可能考虑资源复用，尽可能地将多种指令运算操作通过同一数字逻辑电路去实现，力求使用最少的数字逻辑资源来满足定点运算需求,以此来减小芯片面积和降低芯片功耗。在后面的几节中将详细介绍定点运算部件中各功能模块的设计。

6.1.2 超前进位加法器

在表 6-1 中列举了 SpringCore 定点运算部件中与加减法运算操作有关的 20 条指令,包括 RV32-I 的 16 条指令和自定义扩展的 4 条指令。上述 20 条指令的运算操作均可以通过加法操作去实现,SpringCore 定点运算部件复用一个 32 位加法器实现了这些运算操作。

表 6-1 加减法运算操作有关的指令

指令类型		汇编指令	功能描述	操作类型
算术运算	RV32-I	ADD rd rs1 rs2	加法	加法
		ADDI rd rs1 imm	立即数加法	
		AUIPC rd imm	PC 高位加法	
	扩展指令	SADD rd rs1 rs2	饱和加法	
	RV32-I	SUB rd rs1 rs2	减法	减法
	扩展指令	SSUB rd rs1 rs2	饱和减法	
比较运算	RV32-I	SLT rd rs1 rs2	有符号小于比较	减法
		SLTI rd rs1 imm	有符号立即数小于比较	
		SLTU rd rs1 rs2	无符号小于比较	
		SLTIU rd rs1 imm	无符号立即数小于比较	
	扩展指令	MIN rd rs1 rs2	求最小值	
		MAX rd rs1 rs2	求最大值	
条件分支	RV32-I	BEQ rs1 rs2 imm	如果相等,则跳转	减法
		BNE rs1 rs2 imm	如果不相等,则跳转	
		BLT rs1 rs2 imm	如果小于,则跳转	
		BGE rs1 rs2 imm	如果大于或等于,则跳转	
		BLTU rs1 rs2 imm	如果无符号小于,则跳转	
		BGEU rs1 rs2 imm	如果无符号大于或等于,则跳转	
无条件跳转	RV32-I	JAL rd imm	直接跳转	加法
		JALR rd rs1 imm	间接跳转	

加法操作是处理器中最常见的算术操作，处理器需要在硬件上实现加法器支持加法操作。加法器类型较多，包括行波进位加法器（Carry-Ripple Adder，CRA）、进位跳跃加法器（Carry-Skip Adder，CSKA）、进位选择加法器（Carry-SeLect Adder，CSLA）、超前进位加法器（Carry-Lookahead Adder，CLA）等类型。

在加法器实现中，进位传播路径是关键路径，如何优化设计进位传播逻辑是加法器设计的关键。假设加法操作数为 n 位，行波进位加法器由 n 个全加器串联构成，其关键路径是最低位的进位输入到最高位进位输出的串行进位传播逻辑，其延迟与加法器位数 n 保持线性增长，虽然行波进位加法器在众多类型的加法器中延迟最长，但其资源使用少且连线简单，在一些低功耗嵌入式场景中仍然得到应用。

进位跳跃加法器针对行波进位加法器的串行进位传播逻辑的关键路径进行了改进，将行波进位加法器的 n 个全加器拆分成若干有相同位长全加器的行波进位加法器组，其组内的进位传播逻辑仍是串行的，使用组间进位选择信号旁路组间进位，从而降低了进位传播的路径延迟。进位跳跃加法器对行波进位加法器做了较小修改，实现了优于行波进位加法器的运算速度，但其延迟仍然与加法器位数 n 呈线性关系。

进位选择加法器通过分析行波进位加法器的串行进位传播逻辑的关键路径，将 n 个全加器拆分成有相同位全加器的行波进位加法器组，其组内的进位传播逻辑仍是串行的，考虑不同进位的情况，对各行波进位加法器组分别设置进位为 0 和 1 的两组，两组之间并行计算，最后通过真实的进位输入选择两组加法器组的运算结果，虽然进位选择加法器的延迟大大减小，但是其使用的晶体管资源却成倍增加。

超前进位加法器是理论上最快的两操作数加法的实现方案，其出现极大提高了加法运算的速度。超前进位加法器不再使用全加器作为基本的构建模块，采用组内并行且组间并行的进位逻辑加速进位传播，其快速的进位逻辑显著提高了加法运算的速度，超前进位加法器的路径延迟与加法器位数 n 呈对数关系，超前进位加法器快速的运算速度和相对较小的资源消耗使其成为当前高性能处理器中使用最为广泛的一种加法器。在 SpringCore 中，考虑到定点运算部件加法操作一拍得到结果的运算需求，同时追求芯片面积和功耗最小化，我们最终选择了运算速度和资源消耗俱佳的超前进位加法器方案。

定点运算部件中的减法运算操作也可以通过加法运算去实现，被减数减去减数等于加上减数的相反数,在二进制补码表示中,减数相反数的补码等于减数的补码按位取反,并在最低位加 1。将被减数作为加法器的加数 1,减数按位取反作为加法器的加数 2,并将进位输入置为 1,就通过加法器实现了减法运算操作。

在定点数值表示系统中,一个固定位数的数的表示范围是有限的,当加法或者减法操作的结果超过数的表示范围时,结果会发生溢出,溢出会造成运算错误。对于加法操作,只有两个相同符号的数相加才会溢出,正数加上正数超出最大正数表示范围会造成上溢出,负数加上负数超出最大负数表示范围会造成下溢出;对于减法操作,只有两个不同符号的数相减才会溢出,正数减去负数超出最大正数表示范围会造成上溢出,负数减去正数超出最大负数表示范围会造成下溢出。

饱和处理是指当加法或者减法的结果超出最大正数表示范围而上溢出时,将最大正数设为运算结果;当运算结果超出最大负数表示范围而下溢出时,则将最大负数设为运算结果,饱和处理可以有效减小加减法溢出时的误差,从而提高数值系统稳定性。RISC-V 标准规范默认是不做溢出处理的,SpringCore 出于计算需要在扩展指令集中定义了饱和加法指令 SADD 和饱和减法指令 SSUB,通过对运算的源操作数和结果的符号位进行分析,可以得到加减法运算的溢出情况,并根据指令饱和处理要求做出对应的饱和处理,下面以 32 位有符号加法为例。

```
// 计算 c[31:0] = a[31:0] + b[31:0]
if((a+b) > 0x7fffffff)
    c = 0x7fffffff;
else if((a+b) < 0x80000000)
    c = 0x80000000;
else
    c = a + b;
```

两个数的大于、小于、等于、最大值和最小值等比较运算可以通过减法操作去实现,此时又分为有符号比较运算和无符号比较运算,在处理器设计中,默认实现的都是有符号数运算,做无符号数运算时要进行特别说明。如下伪代码所示,对于有符号小于比较运算,可以通过有符号减法结果的符号位进行判断,此时需要考虑减法结果是否溢出来分别进行讨论;对于无符号小于比较运算,可以将两个 32 位的无符号数看成两个 33 位的有符号正数,通过 33 位有符号数减法结果进行判断,由于两个正数相减不会发生溢出,此时不必考虑减法结果是否溢出;两个数的最大值、最小值、大于等有无符号比较运算可同理实现。对于等于比较运算，可以通过减法结果是否为零来判断两个数是否相等。综上所述，可以通过减法操作实现两个有符号数或无符号数的大于、小于、等于、最大值和最小值等比较运算。

```
// 两个 32 位有符号数 a[31:0]、b[31:0] 的小于比较
c = a - b;
if((a-b) > 0x7fffffff || (a-b) < 0x80000000){
if(c[31] == 0)
a < b;
else
a >= b;
}
else{
if(c[31] == 1)
a < b;
else
a >= b;
}

// 两个 32 位无符号数 a[31:0]、b[31:0] 的小于比较
Ext_a[32:0] = {1'b0, a[31:0]};
Ext_b[32:0] = {1'b0, b[31:0]};
Ext_c = Ext_a - Ext_b
if(Ext_c[32] == 1)
a < b;
else
a >= b;
```

在 SpringCore 定点运算部件中，通过一个 32 位超前进位加法器实现了加减法算术运算、比较运算、条件分支方向和无条件跳转返回地址的计算等 20 条指令的运算操作，较好地实现了数字逻辑电路的复用。

6.1.3 布什 – 华莱士树乘法器

如表 6-2 所示，RISC-V 标准规范的 M 指令集中定义了 MUL、MULH、MULHSU 和 MULHU 这 4 条乘法类指令，在扩展指令集中定义了 32 位并行乘加指令 QMPYA 和 32 位并行乘减指令 QMPYS，以上指令包括 32 位无符号数乘以无符号数、32 位有符号数乘以有符号数、32 位有符号数乘以无符号数这三种乘法运算操作。因此，在 SpringCore 的定点运算部件中需要实现能够进行这三种定点乘法操作的 32 位高效定点乘法器，并且要求在一拍之内得到乘法运算的结果，从而提高处理器执行乘法类指令的运算速度。

表 6-2　乘法运算有关的指令

指令类型		汇编指令	功能描述	操作类型
乘法运算	RV32-M	MUL rd rs1 rs2	做有符号乘法，取结果的低 32 位	有符号数乘法
		MULH rd rs1 rs2	做有符号乘法，取结果的高 32 位	
		MULHSU rd rs1 rs2	做有符号无符号乘法，取结果的高 32 位	有符号无符号数乘法
		MULHU rd rs1 rs2	做无符号乘法，取结果的高 32 位	无符号数乘法
	扩展指令	QMPYA rd rs1 rs2	做有符号乘法，取结果的高 32 位，并且做累加运算	并行的乘法和加法
		QMPYS rd rs1 rs2	做有符号乘法，取结果的高 32 位，并且做累减运算	并行的乘法和减法

乘法操作常用的硬件实现方案是移位加算法。乘法操作产生积 $p = x \times y$，其中 p 是 n 位被乘数 x 和 n 位乘数 $y = \sum_{i=0}^{n-1} y_i r^i$ 的 $2n$ 位乘积，可以推导出：

$$p = x \sum_{i=0}^{n-1} y_i r^i = \sum_{i=0}^{n-1} x y_i r^i$$

从上面的表达式我们可以看到实现 n 位乘法需要计算 n 个部分积 $xy_i r^i$，计算该项需要执行被乘数乘以乘数数位的一位乘法操作 xy_i 和移位操作，而后需要执行（$n-1$）次加法将 n 个部分积相加得到最终的乘法运算结果，在进行有符号乘法操作时还需要单独判断符号位。移位加算法类似于手工计算乘法，虽然实现起来较为简单，但是执行效率太低，往往需要执行多拍，其执行速度难以满足我们对 SpringCore 定点运算部件一拍得到运算结果的要求，因此需要采取其他更加高效的定点乘法设计方案。

通过分析移位加乘法算法的流程，我们可以总结出乘法运算的三个基本步骤：首先在部分积产生过程中，通过对被乘数和乘数的操作得到多个部分积；然后在部分积累加过程中，将多个部分积进行累加得到两个累加操作数；最后将两个累加操作数进行相加得到最终的乘法结果。

在 SpringCore 定点运算部件的乘法器设计中，为了加快乘法运算的速度，在部分积产生过程中，通过基 4 的布什（booth）补码乘法算法来减少部分积的个数；在部分积累加过程中，采用了全加器和半加器构建的华莱士树压缩电路去压缩多个部分积得到两个压缩操作数，力求用最小的全加器逻辑级数深度和最少的晶体管资源达到部分积累加的目的；最后通过如 1.1.2 节所述的超前进位加法器，将部分积累加阶段得到的两个压缩操作数相加得到最终的乘法运算结果。接下来将阐述 SpringCore 定点运算部件中所构建的布什-华莱士树乘法器的设计原理。

首先介绍布什（booth）补码乘法算法，对于乘法操作 $p = x \times y$，其中 p 是被乘数 x 和乘数 y 的乘积，乘数 y 的二进制补码可以表示为：

$$y = -y_{n-1}2^{n-1} + \sum_{i=0}^{n-2} y_i 2^i, y_i \in \{0,1\}$$

为了减少部分积的个数和减少加法次数，如今多采用大于二的进制对乘数进行重新编码，一般比较常用四进制对乘数进行编码，将乘数的每两位二进制位看作一位四进制数位，可以推导得到下式：

$$y = (-2y_{n-1} + y_{n-2})2^{n-2} + \sum_{i=0}^{n-3} y_i 2^i = (-2y_{n-1} + y_{n-2})2^{n-2} + \sum_{i=0}^{\frac{n}{2}-2}(2y_{2i+1} + y_{2i})4^i, y_i \in \{0,1\}$$

$$= z_{m-1}4^{m-1} + \sum_{i=0}^{m-2} z_i 4^i, z_i \in \{0,1,2,3\}, z_{m-1} \in \{-2,-1,0,1\}, m = \frac{n}{2}$$

如上式所述，乘数的四进制编码中出现了 {-2,-1, 0, 1, 2, 3}，在部分积产生过程中需要通过被乘数乘以乘数的四进制编码得到多个部分积，此时被乘数乘以四进制的乘数数位会出现 $3x$ 的情况，计算 $3x$ 除了移位和求相反数等操作外还需要额外的加法运算，这种编码方案较为烦琐，会对乘法运算速度造成不利影响，因此需要对乘数的四进制编码进行重排以避免出现 $3x$ 的部分积来简化部分积的产生过程，经过对上式进行推导可以得到下式：

$$y = \sum_{i=0}^{\frac{n}{2}-1}(-2y_{2i+1} + y_{2i} + y_{2i-1})4^i, y_i \in \{0,1\}, y_{-1} = 0 = \sum_{i=0}^{m-1} z_i 4^i, z_i \in \{-2,-1,0,1,2\}, m = \frac{n}{2}$$

根据上式可以得到如表 6-3 所示的改进的基 4 布什编码表。在进行布什译码时，对乘数从第（-1）位开始每次三位看作一组，每次移动两位，不同组之间重叠一位，根据基 4 布什编码表得到乘数的布什译码结果 $z_i \in \{-2,-1,0,1,2\}$，通过被乘数乘以乘数的布什译码结果 z_i 得到多个部分积，这就是布什补码乘法产生多个部分积的过程。基 4 布什补码乘法使得部分积的数目减半，从而加快了乘法运算的速度。

表 6-3　改进的基 4 布什编码表

y_{2i+1}	y_{2i}	y_{2i-1}	z_i
0	0	0	0
0	0	1	1
0	1	0	1
0	1	1	2
1	0	0	−2
1	0	1	−1
1	1	0	−1
1	1	1	0

下面以 16 位多类型乘法器为例,该 16 位乘法器可以实现 16 位有符号数乘法、无符号数乘法、有符号无符号数乘法三种定点乘法操作类型,为了能够同时进行这三种乘法操作,可以将 16 位无符号数看成 17 位有符号正数,这样就可以通过 17 位有符号乘法融合实现上述三种乘法操作。经过布什译码操作后可以得到 9 个 17 位的部分积,将这 9 个部分积相加执行的是补码加法。为了避免溢出需要将 9 个部分积符号扩展到 32 位,可以对扩展后的部分积进行符号压缩来节省华莱士树压缩电路器件使用的资源,得到如图 6-2 所示的符号压缩后的 16 位乘法器的华莱士树压缩点阵图。其中每一行点阵为一个部分积,从右列到左列部分积数位的权重越来越高,E 为部分积的符号位,$\bar{E}$ 为部分积符号位的相反数,S 为上一行部分积的进位。接下来通过对图 6-2 所示的部分积进行华莱士树形压缩操作来得到两个压缩操作数。

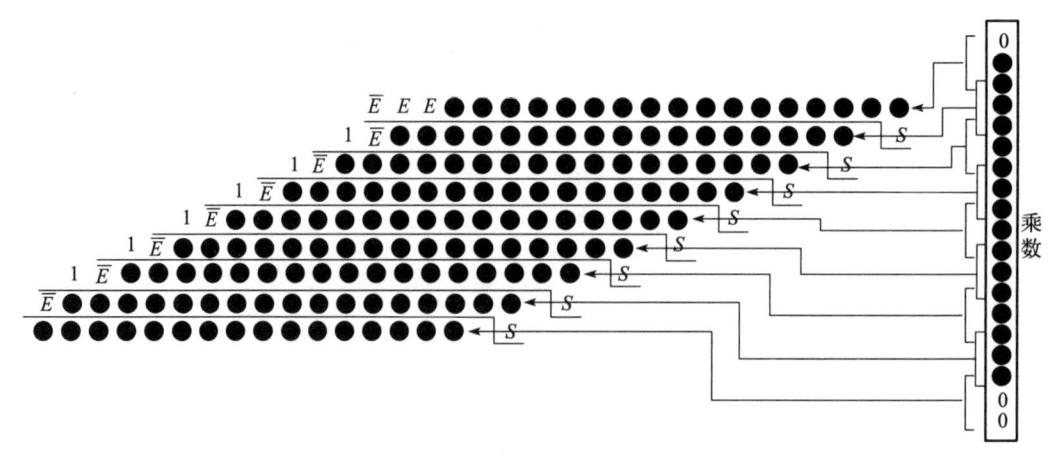

图 6-2　符号压缩后的 16 位乘法器的华莱士树压缩点阵图

华莱士树压缩方法本质上是一种多操作数的进位保留加法，一个全加器将 3 个数相加得到 1 个进位输出和 1 个本地和，一个半加器将 2 个数相加得到 1 个进位输出和 1 个本地和，华莱士树压缩电路在部分积的一级压缩过程中不用等待进位，将本级压缩电路低权重位全加器或半加器的进位输出连接到下一级压缩电路的高一位权重的全加器或半加器的输入中，然后使用新一级华莱士树压缩电路再进行一次压缩，以此类推，从而可以通过全加器和半加器组成的若干级压缩电路实现多个部分积的累加，华莱士树压缩电路的最大延迟是若干级全加器逻辑的时序路径长度的和。

如图 6-3 所示，16 位布什 – 华莱士树乘法器的 9 个部分积可以使用四级全加器逻辑累加得到两个压缩操作数。首先对图 6-2 的华莱士树压缩点阵图进行重新整理得到图 6-3a 的华莱士树压缩点阵图。如图 6-3a 第一级华莱士树压缩点阵图所示，在第一级华莱士树压缩电路中通过全加器和半加器将线框中的部分积点进行压缩，将全加器和半加器的本地和留在本权重位，进位输出放到高一级权重位得到如图 6-3b 所示的华莱士树压缩点阵图，第一级华莱士树压缩电路将 9 个部分积压缩成 6 个操作数，接下来继续以上述方式通过全加器和半加器组成的多级华莱士树压缩电路对多个操作数进行压缩，从而在第四级华莱士树压缩电路中得到最终的两个 32 位压缩操作数结果。

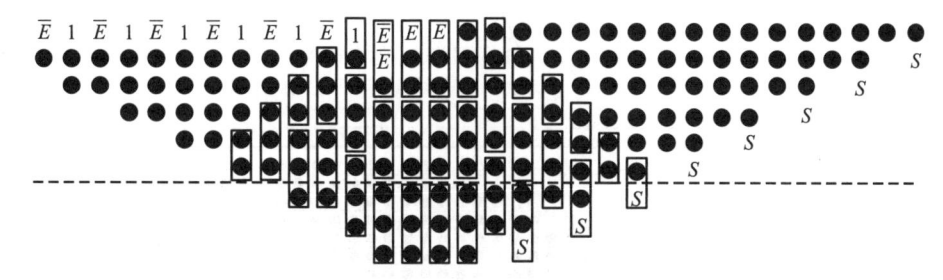

a）第一级华莱士树压缩电路

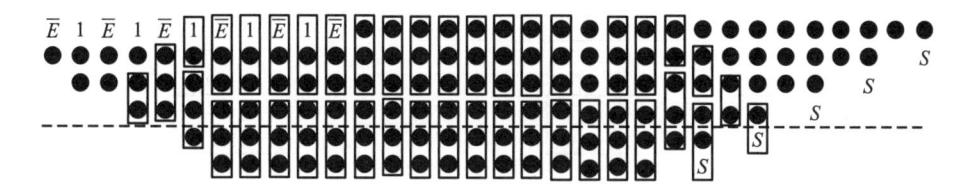

b）第二级华莱士树压缩电路

图 6-3 16 位乘法器华莱士树压缩点阵图的四级压缩过程

c）第三级华莱士树压缩电路

d）第四级华莱士树压缩电路

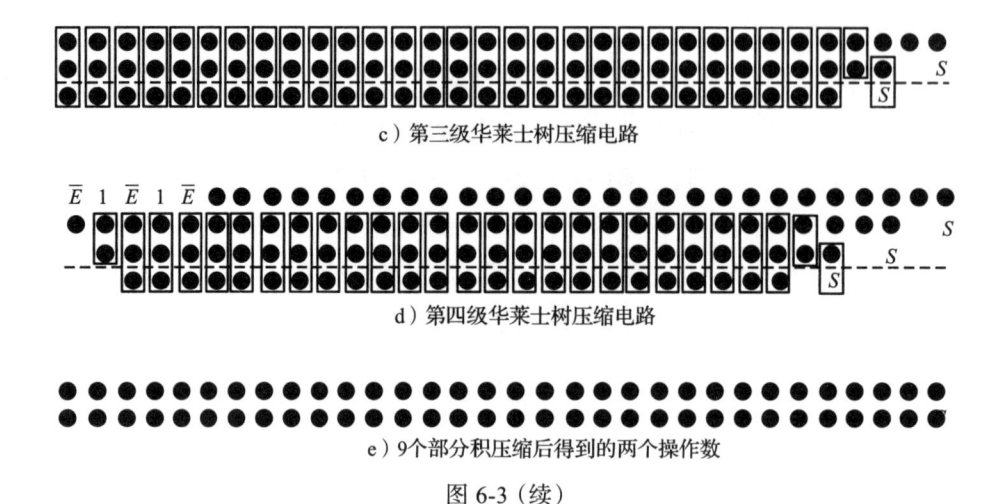

e）9个部分积压缩后得到的两个操作数

图 6-3（续）

最后，将部分积累加过程中四级华莱士树压缩电路得到的两个压缩操作数通过 32 位超前进位加法器相加得到最终的乘法运算结果。对本节所述的布什 – 华莱士树乘法器设计方案进行总结，得到如图 6-4 所示的 16 位布什 – 华莱士树乘法器的结构框图。

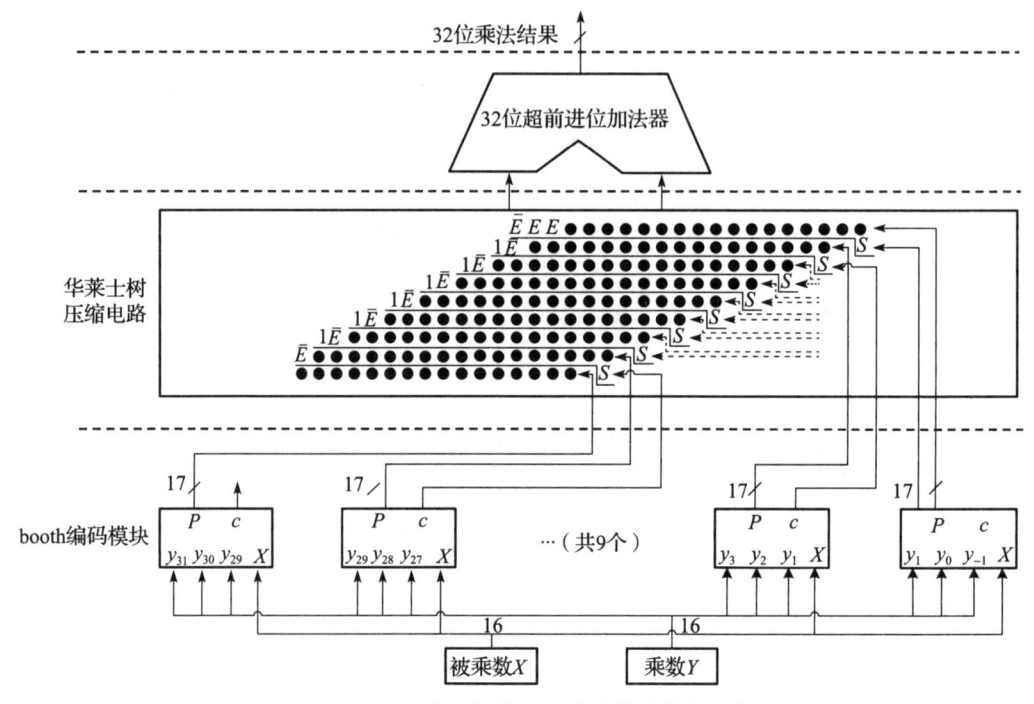

图 6-4　16 位布什 – 华莱士树乘法器的结构示意图

6.1.4 乘累加部件

乘累加操作是数字信号处理中的基本操作，在 FIR、FFT 等算法中频繁使用。为了满足实时数字信号处理的要求，SpringCore 定义了 16 位乘累加指令 MPYA、16 位乘累减指令 MPYS 和双 16 位乘累加指令 DMAC 这三条乘累加的扩展指令来加速相关算法的计算，如表 6-4 所示。

表 6-4 乘累加运算有关的指令

指令类型		汇编指令	功能描述	操作类型
乘累加运算	扩展指令	MPYA rd rs1 rs2 [init] [out]	做 16 位有符号乘法，并且累加上次乘法的积	乘法和加法
		MPYS rd rs1 rs2 [init] [out]	做 16 位有符号乘法，并且累减上次乘法的积	乘法和减法
		DMAC rd rs1 rs2 [init] [out]	做双 16 位有符号乘法和累加	双乘累加

MPYA 指令进行并行的乘法和加法计算，目的寄存器使用专用寄存器 MR0 和 MR1，分别保存累加结果和乘法结果，其中乘法取两个源操作数的低 16 位。

$$MR0 = MR0 + MR1$$

$$MR1 = rs1[15:0] \times rs2[15:0]$$

当流水线译码级单元给定初始化信号，MR0 寄存器置为 0；当给定输出信号时，对当前周期计算出并发送给寄存器 MR0 的结果（MR0+MR1）做 32 位饱和处理后，输出到通用寄存器。MPYS 指令进行并行的乘法和减法计算，与 MPYA 指令的行为基本相同，在此不再赘述。

DMAC 指令将两个源操作数 rs1 和 rs2 分割成高低 16 位两部分，分别进行对应的乘累加运算。目的寄存器使用专用寄存器 MR0 和 MR1，分别保存低 16 位乘累加结果和高 16 位乘累加结果，寄存器 MR0 和 MR1 同时也是乘累加操作的源操作数。

$$MR0 = MR0 + rs1[15:0] \times rs2[15:0]$$

$$MR1 = MR1 + rs1[31:16] \times rs2[31:16]$$

当译码级单元给定初始化信号时，将上式等号右边的 MR0 源操作数和 MR1 源操作数置为 0；当给定输出信号时，对当前周期计算出并发送给寄存器 MR0 和 MR1 的结果做 32 位饱和处理后，分别输出到相应的通用寄存器。

分析上述乘累加指令的操作，我们发现可以通过两个 16 位乘累加器满足上述乘累加相关指令的运算需求。SpringCore 定点运算部件中实现了带 40 位溢出保护处理的双 16 位乘累加器，执行 16 位乘累加、16 位乘累减、双 16 位乘累加等操作。SpringCore 中定义了两个 40 位的乘累加寄存器 MR0、MR1 用来保存双 16 位乘累加器的运算结果，由于乘累加操作一般会执行很多次，乘累加的结果很容易超出 32 位数值表示范围造成结果溢出，因此将乘累加寄存器扩展到 40 位来做溢出保护处理，若扩展后 40 位乘累加寄存器仍然出现溢出，则需要做相应的上下饱和处理。

16 位乘累加运算过程与上节所述的布什 – 华莱士树乘法器相似，区别在于需要在多个部分积的累加过程中加入一个 40 位的累加数一起进行压缩。首先给乘累加器输入 16 位的被乘数 a、16 位的乘数 b、40 位的累加数 c 这三个操作数，因为只进行 16 位有符号乘法，所以被乘数 a 不必做符号位的扩展。对被乘数进行布什编码得到被乘数的倍数，然后对第 –1 位置 0 扩展得到的 17 位乘数进行布什译码，结合被乘数的倍数得到 8 个部分积。如图 6-5 的 16 位乘累加华莱士树压缩点阵图所示，此时需要将 8 个 16 位部分积和一个 40 位的累加数 c 进行累加，通过华莱士树压缩电路将这 9 个操作数进行压缩，得到两个 40 位压缩操作数结果，最后两个 40 位压缩操作数通过超前进位加法器相加得到最后的乘累加结果。基于上述的运算流程，可以实现 16 位乘累加运算。

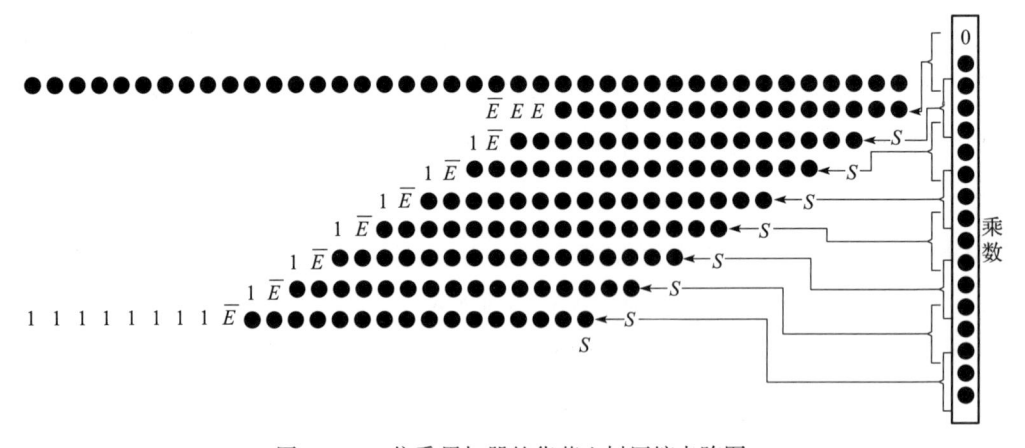

图 6-5　16 位乘累加器的华莱士树压缩点阵图

6.1.5　移位器

RV32-I 指令集中定义了 32 位逻辑左移、32 位逻辑右移和 32 位算术右移等移位操作指令，SpringCore 在扩展指令集中补充定义了 11 条移位指令，包含 32 位循环左移、32 位循环右移、64 位逻辑左移、64 位逻辑右移、64 位算术右移和 32 位翻转 6 种操作类型，如表 6-5 所示。

表 6-5 乘累加运算有关的指令

指令类型		汇编指令	功能描述	操作类型
移位运算	RV32-I	SLL rd rs1 rs2	逻辑左移	32 位逻辑左移
		SLLI rd rs1 shamt	立即数逻辑左移	
		SRL rd rs1 rs2	逻辑右移	32 位逻辑右移
		SRLI rd rs1 shamt	立即数逻辑右移	
		SRA rd rs1 rs2	算术右移	32 位算术右移
		SRAI rd rs1 shamt	立即数算术右移	
	扩展指令	ROR rd rs1 rs2	循环右移	32 位循环右移
		RORI rd rs1 imm5	立即数循环右移	
		ROL rd rs1 rs2	循环左移	32 位循环左移
		ROLI rd rs1 uimm5	立即数循环左移	
		LSL64 rd rs1 rs2	64 位逻辑左移	64 位逻辑左移
		LSL64I rd rs1 imm6	64 位立即数逻辑左移	
		LSR64 rd rs1 rs2	64 位逻辑右移	64 位逻辑右移
		LSR64I rd rs1 imm6	64 位立即数逻辑右移	
		ASR64 rd rs1 rs2	64 位算术右移	64 位算术右移
		ASR64I rd rs1 imm6	64 位立即数算术右移	
		FLIP rd rs1	数位翻转	32 位翻转

SpringCore 定点运算部件中实现了 64 位桶形移位器（barrel shifter），桶形移位器是可以根据移位位数的变化进行移位操作的组合逻辑电路。64 位移位操作的最大移位量为 63，移位量用 6 位二进制数 shamt[5:0] 表示。如图 6-6 所示，64 位桶形移位器可以通过级联的 6 级数据选通器实现，第一级数据选通器控制源操作数是否移动 1 位得到结果 s_1，第二级数据选通器控制结果 s_1 是否移动 2 位得到结果 s_2，第 i 级数据选通器控制结果 s_{i-1} 是否移动 2^{i-1} 位得到结果 s_i，以此类推，可以通过 64 位桶形移位器将 64 位的源操作数移动 0～63 位。

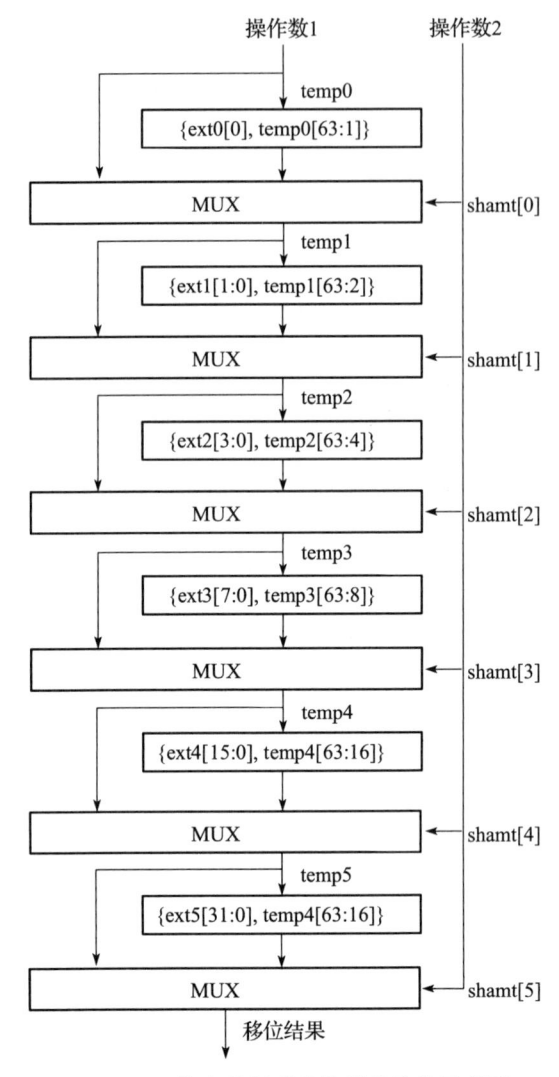

```
                        操作数1      操作数2
                          │           │
                          ▼ temp0
                    ┌──────────────────────┐
                    │ {ext0[0], temp0[63:1]} │
                    └──────────────────────┘
                    ┌──────────────────────┐
                    │         MUX          │◄── shamt[0]
                    └──────────────────────┘
                          │ temp1
                    ┌──────────────────────┐
                    │ {ext1[1:0], temp1[63:2]} │
                    └──────────────────────┘
                    ┌──────────────────────┐
                    │         MUX          │◄── shamt[1]
                    └──────────────────────┘
                          │ temp2
                    ┌──────────────────────┐
                    │ {ext2[3:0], temp2[63:4]} │
                    └──────────────────────┘
                    ┌──────────────────────┐
                    │         MUX          │◄── shamt[2]
                    └──────────────────────┘
                          │ temp3
                    ┌──────────────────────┐
                    │ {ext3[7:0], temp3[63:8]} │
                    └──────────────────────┘
                    ┌──────────────────────┐
                    │         MUX          │◄── shamt[3]
                    └──────────────────────┘
                          │ temp4
                    ┌──────────────────────┐
                    │ {ext4[15:0], temp4[63:16]} │
                    └──────────────────────┘
                    ┌──────────────────────┐
                    │         MUX          │◄── shamt[4]
                    └──────────────────────┘
                          │ temp5
                    ┌──────────────────────┐
                    │ {ext5[31:0], temp4[63:16]} │
                    └──────────────────────┘
                    ┌──────────────────────┐
                    │         MUX          │◄── shamt[5]
                    └──────────────────────┘
                             │
                             ▼ 移位结果
```

图 6-6　64 位右移桶形移位器的结构示意图

桶形移位器本质上是数据选通逻辑，SpringCore 移位操作的类型较多，如果不考虑逻辑复用，消耗的芯片面积资源将会非常大，因此，需要在一个移位器中融合实现这些移位操作以减小芯片面积。左移和右移操作都可以通过右移移位器来实现，做左移操作时只需要将源操作数做位反序后输入右移移位器，得到移位结果后将移位器的输出结果再进行一次位反序，从而可以通过右移移位器实现左移操作，实现了左移操作和右移操作的逻辑复用。逻辑右移和算术右移的区别在于移入最高权重位（MSB）的是零还是符号位，结合上述的左移和右移操作的复用，可以复用 64 位右移移位器实现 64 位逻辑左移、64 位逻辑右移、64 位算术右移等移位操作。

32 位移位操作复用上述 64 位移位器，相关操作方法与 64 位移位操作类似，此处不再详细展开。

6.1.6 基 4 SRT 除法器

如表 6-6 所示，RISC-V 标准规范的 M 指令集中定义了 DIV、REM、DIVU 和 REMU 4 条除法类指令，包括有符号数除法的求商、求余数和无符号数除法的求商、求余数的除法运算操作。为了支持除法运算操作的实现，SpringCore 内部集成了除法器单元。

表 6-6 除法运算有关的指令

指令类型		汇编指令	功能描述	操作类型
除法运算	RV32-M	DIV rd rs1 rs2	做有符号除法，求商	有符号数除法求商
		REM rd rs1 rs2	做有符号除法，求余数	有符号数除法求余数
		DIVU rd rs1 rs2	做无符号除法，求商	无符号数除法求商
		REMU rd rs1 rs2	做无符号除法，求余数	无符号数除法求余数

传统的硬件除法算法主要有恢复余数除法和不恢复余数除法等迭代算法，不恢复余数除法相比恢复余数除法而言不必进行恢复余数的操作，并且其商位选择逻辑更加简单，这些特点使得不恢复余数除法无论在运算速度还是实现复杂度上都更有优势。SRT 除法算法是从不恢复余数除法发展而来的，其允许零作为商位，从而不必执行加法或者减法操作，加快了除法运算速度。SRT 算法如今已成为最知名的硬件除法算法，广泛应用在现代高性能处理器的除法器实现中。约 1958 年，SRT 算法由 Sweeney、Robertson、Tocher 这三人分别独立提出并以三人名字首字母命名。

SpringCore 定点运算部件中采用基于基 4 SRT 除法算法的除法器，实现了有符号数除法求商、有符号数除法求余数、无符号数除法求商、无符号数除法求余数这四种除法运算操作。下面结合图 6-7 介绍基 4 SRT 除法器的运算流程。

1）首先对除数做规范化处理，进行 m 次逻辑左移使得最高权重位非零，在除数高位补三个 0、低位补一个 0 扩充为 36 位规范化处理的除数 D。当 m 为奇数时，被除数高位补四个 0 扩充为 36 位部分余数保留项 S_0，否则高位补 3 个 0、低位补一个 0 扩充为 36 位部分余数保留项S_0。部分余数进位项C_0为 0，除法的迭代次数为 $N=\text{ceil}((m+2)/2)$，余数位数为（32−m）。

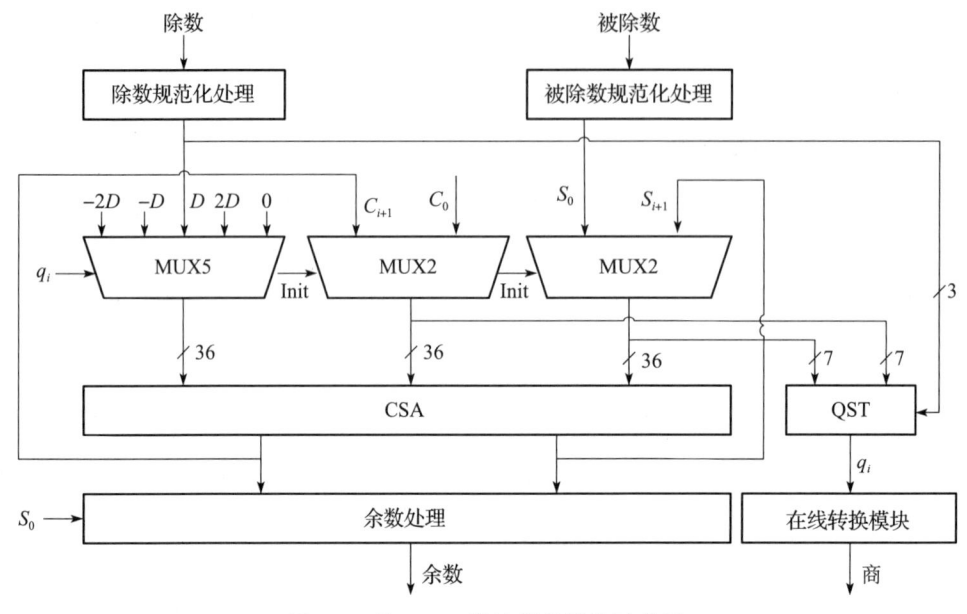

图 6-7 基 4 SRT 除法器的结构示意图

2）第一个迭代周期中，以规范化处理的部分余数保留项S_0与部分余数进位项C_0的高 7 位和y_0、规范化除数$D[31-:3]$为参数，根据表 6-7 所示的商位选择表（Qiotient Select Table，QST）选择第一个基 4 的商$q_0 \in \{-2,-1,0,1,2\} \cap m_{q_0} \leq y_0 < m_{q_0+1}$，使用进位保留加法器（CSA）对$4S_0$、$4C_0$、$q_0D$进行相加得到$S_1$、$C_1$。在后续迭代周期中，以部分余数保留项$S_i$与部分余数进位项$C_i$的高 7 位和$y_i$、规范化除数$D[31-:3]$为参数，根据表 6-7 所示的商位选择表（QST）选择基 4 的商$q_i \in \{-2,-1,0,1,2\} \cap m_{q_i} \leq y_i < m_{q_i+1}$，使用进位保留加法器（CSA）对$4S_i$、$4C_i$、$q_iD$进行相加得到$S_{i+1}$、$C_{i+1}$，直到达到迭代次数 N。

表 6-7 基 4 SRT 除法的商位选择表（QST）

$D[31-:3]$	000	001	010	011	100	101	110	111
m_2	12	14	15	16	18	20	20	24
m_1	4	4	4	4	6	6	8	8
m_0	−4	−6	−6	−6	−8	−8	−8	−8
m_{-1}	−13	−15	−16	−18	−20	−20	−22	−24

3）将S_{N-1}、C_{N-1}相加得到余数，如果余数为负，需要加上S_0做修正得到最终的余数。

4）在步骤二得到商q_i时，通过在线转换（on-the-fly conversion）模块将商的冗余表示转换为非冗余二进制补码表示，根据下式可以同时得到Q和QM，如果余数为正，则选择Q为最后的商，如果余数为负，则进行修正选择QM为最后的商。

$$Q[j+1] = \begin{cases} (Q[j], q_{j+1}), & q_{j+1} \geqslant 0 \\ (QM[j], (4-|q_{j+1}|)), & q_{j+1} < 0 \end{cases}$$

$$QM[j+1] = \begin{cases} (Q[j], q_{j+1}-1), & q_{j+1} > 0 \\ (QM[j], (3-|q_{j+1}|)), & q_{j+1} \leqslant 0 \end{cases}$$

相比于基 2 不恢复余数除法等算法，在每个迭代周期中，该基 4 SRT 除法器可以运算得到除法结果的两个商位，从而减少了除法迭代执行的周期数，采用进位保留加法形式表示余数还减小了每个迭代周期的时间开销，使得该基 4 SRT 除法器的除法计算效率更高。商位采用的$\{-2,-1,0,1,2\}$冗余表示形式在商位选择过程中给予更大的容错空间，不用计算完全精度的余数，可以仅根据余数的几位选择商位，即使选择的商位过大或过小，也可以在后续的商位选择中得到修正。此外，该基 4 SRT 除法器的商位选择通过查找表实现，进一步加速了商位选择过程，从而提高了除法运算的速度。基于上述的除法运算速度快的优势，基 4 SRT 除法器在现代处理器中得到广泛应用。

6.2 浮点运算部件设计

考虑到 DSP 处理器的应用场景对浮点运算能力的需求，SpringCore 开发了浮点运算部件以支持浮点运算能力。RISC-V 指令集规范中定义了 F 扩展和 D 扩展用于单精度浮点运算和双精度浮点运算相关指令，SpringCore 浮点运算部件仅支持 F 扩展的单精度浮点运算。RISC-V 架构的 F 扩展遵循 IEEE 754-2008 标准，同时存在自定义特性，接下来将具体介绍 RISC-V 支持的单精度浮点标准以及 SpringCore 浮点运算部件的设计。

6.2.1 浮点数据格式

IEEE 754-2008 标准中定义了单精度浮点格式，如图 6-8 所示，单精度浮点格式共 32 位，数据位被划分为三部分，符号位 S（sign）、指数位 E（exponent）、尾数位 F（fraction）的长度分别为 1 位、8 位、23 位。单精度浮点格式与实际保存的有效数字之间存在转换，分为规格化数和非规格化数两种情况，规格化数遵循公式$Normal = (-1)^S \times (1.F) \times 2^{E-BIAS}$，非规格化数遵循公式$Denormal = (-1)^S \times (0.F) \times 2^{1-BIAS}$，其中单精度浮点格式的偏置值 BIAS 为 127。

```
31 30     23 22                    0
┌─┬───────┬──────────────────────┐
│S│   E   │          F           │
└─┴───────┴──────────────────────┘
```

图 6-8　单精度浮点表示格式

单精度浮点格式的数据表示如表 6-8 所示。除常规的规格化数外，针对一些特殊值，IEEE 754-2008 标准进行了特别规定，包括正 0、负 0、正无穷大（+Inf）、负无穷大（–Inf）、非规格化数（denormal）、非数（NaN）等特殊值。非规格化数和非数在浮点运算处理中比较特殊。非数根据尾数位最高位可以分为 Quiet-NaN 和 Signaling-NaN 两种表示，这两种非数在异常标志设置时存在差异。由于非规格化数表示的数据非常小，为了简化硬件电路设计，很多处理器不支持非规格化数运算，将非规格化数据按照 0 进行处理。SpringCore 面向高精度实时控制，为了保证计算的精确度，硬件支持非规格化数计算，满足 RISC-V 标准。

表 6-8　单精度浮点格式的数据表示

数值		符号位	指数位	尾数位
正 0		0	全 0	全 0
负 0		1	全 0	全 0
正无穷大（+Inf）		0	全 1	全 0
负无穷大（–Inf）		1	全 1	全 0
规格化数（normal）		x	非全 0 且非全 1	$xxx\cdots x$
非规格化数（denormal）		x	全 0	非 0
非数（NaN）	总特点	x	全 1	非 0
	Quiet-NaN（QNaN）	x	全 1	$1xx\cdots x$
	Signaling-NaN（SNaN）	x	全 1	$0xx\cdots x$ 且非 0

注：x 表示 1 或者 0。

数据的表达一般局限于有限的数值位宽，在计算过程中产生的结果可能会超过数值位宽范围，由此引入了舍入功能，该类功能存在多种模式。舍入将经过浮点运算之后的结果舍入到 IEEE 754-2008 标准的表示格式。对于单精度浮点运算，通过舍入后得到单精度浮点表示格式，舍入模式决定了浮点运算的精确度。下面针对 IEEE 754-2008 标准中存在的 5 种舍入模式进行了具体介绍，分别是最近邻到偶数舍入（RNE）、向零舍入（RTZ）、向负无穷方向舍入（RDZ）、向正无穷方向舍入（RUP）和向最近邻到最远舍入（RMM），具体实现如图 6-9 所示，五种舍入在运算时的处理方式不同。

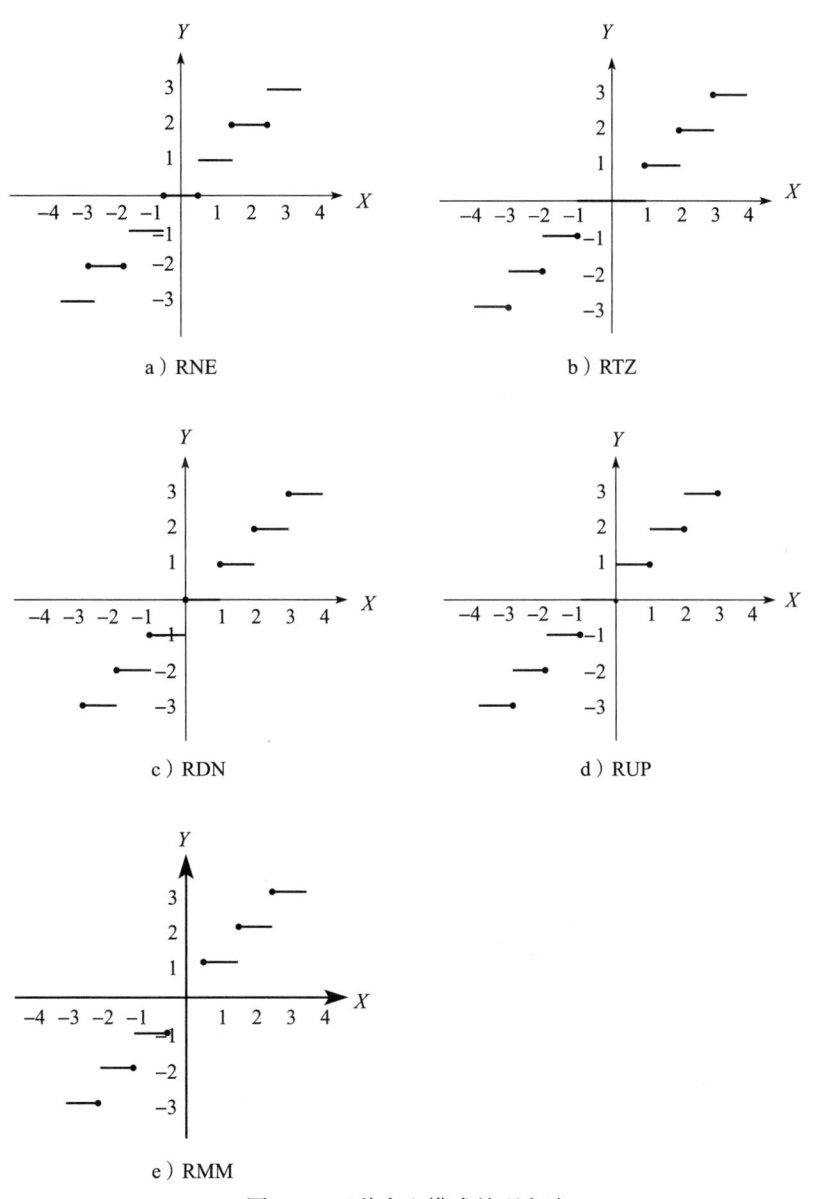

图 6-9 五种舍入模式处理方法

如图 6-9a 所示，RNE 舍入与四舍五入类似，结果向偶数舍入，当最低有效位后一位的数据位为 1 同时最低有效位或最低有效位之后其他数据位不为 0 时，最低有效位加 1，否则最低有效位之后的数据位全部舍去。如图 6-9b 所示，RTZ 舍入将最低有效位之后的数据位全部舍去。如图 6-9c 所示，RDN 舍入是当符号位为负同时最低有效位之后的所有数据位存在任意一位为 1 时，最低有效位加 1，否则最低有效位后的数据位全部舍去。如图 6-9d 所示，RUP 舍入是当符号位为正同时最低有效位之后的数据位存在任意一位为 1 时，最低有效位加 1，否则最低有效位后的数据位全部舍去。如图 6-9e 所示，RMM 舍入与四舍五入类似，结果向最远舍入，当最低有效位后一位的数据位为 1 时，最低有效位加 1，否则最低有效位后的数据位全部舍去。

6.2.2　浮点控制和状态寄存器

RISC-V 架构定义了浮点各类指令的计算功能与处理要求，对舍入和异常存在相应的设计规范。浮点运算支持 5 种舍入情况、5 种异常标志处理。RISC-V 非特权架构标准中定义了浮点控制和状态寄存器（fcsr），结构如图 6-10 所示。

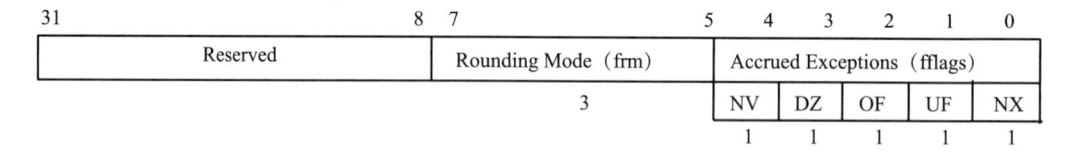

31　　　　　　　　　　　　　　8	7　　　Rounding Mode（frm）　　　5	4　　3　　2　　1　　0
Reserved		Accrued Exceptions（fflags）
	3	NV　DZ　OF　UF　NX
		1　　1　　1　　1　　1

图 6-10　浮点控制和状态寄存器（fcsr）

浮点控制和状态寄存器共 32 位，其中 8～31 位保留给其他扩展使用，如双精度浮点的 L 标准扩展，在本设计中不使用，当作有效值 0 处理，5～7 位用于记录舍入模式，0～4 位用于记录 5 种异常标志。

舍入模式由 3 位数据表示，具体舍入模式编码情况如表 6-9 所示，总共存在 5 种舍入模式。若指令 rm 字段为 111，会默认读取 fcsr 的 5～7 位作为动态舍入模式，在指定情况下根据舍入模式编码为静态舍入模式，具体由编码情况决定。若 frm 字段被设置为 101 或者 110，则进行无效值处理，即使 rm 字段为 111，也不会选择动态舍入模式。在未设置舍入模式的情况下，默认指令 rm 字段为向最近邻到偶数舍入，即 RNE 是默认的舍入模式。

表 6-9 舍入模式编码

舍入模式	助记符	含义
000	RNE	向最近邻到偶数舍入
001	RTZ	向零舍入
010	RDN	向负无穷方向舍入
011	RUP	向正无穷方向舍入
100	RMM	向最近邻到最远舍入
101	/	无效，留作后用
110	/	无效，留作后用
111	DYN	指令 rm 字段为 111，选择动态舍入模式；若 111 出现在舍入模式寄存器中，则无效

浮点计算时出现的异常状态由 5 位数据表示，每次计算完成都会对计算产生的异常状态情况进行写入，具体的异常状态编码情况如表 6-10 所示，存在 5 种异常标志。

表 6-10 执行异常标志编码

异常标志位	助记符	含义
1$xxxx$	NV	无效操作异常标志
x1xxx	DZ	除 0 异常标志
xx1xx	OF	上溢异常标志
xxx1x	UF	下溢异常标志
$xxxx$1	NX	不精确异常标志

注：x 表示 1 或者 0。

6.2.3 浮点运算部件的结构

浮点运算部件用于实现 RISC-V 架构 F 扩展运算指令，SpringCore 浮点运算部件结构如图 6-11 所示。

对于浮点运算指令存在两种写回类型，一种是写回定点寄存器，另一种是写回浮点寄存器。对于该浮点运算部件，存在一组定点数据写回输出端口和一组浮点数据写回输出端口，为此可以同时输出两组计算结果，即可以同时将两条计算完成的指令进行同周期输出。基于以上原因，在设计时使用并行的结构进行处理，对齐写回输出周期数。因为

```
                    ┌─────────────────────────────┐
                    │      数据输入及预处理          │
                    └─────────────────────────────┘
                       │         │        │         │
                       ▼         ▼        ▼         ▼
                  ┌────────┐┌────────┐┌────────┐┌──────────┐
                  │分类模块││转换模块││乘加模块││长周期模块  │
                  │(2周期)││(2或3  ││(3周期)││(3或16周期)│
                  │        ││ 周期) ││        ││          │
                  └────────┘└────────┘└────────┘└──────────┘
                       │         │        │         │
                       ▼         ▼        ▼         ▼
                    ┌─────────────────────────────┐
                    │         数据仲裁              │
                    └─────────────────────────────┘
                                 │
                                 ▼
                    ┌─────────────────────────────┐
                    │         数据输出              │
                    └─────────────────────────────┘
```

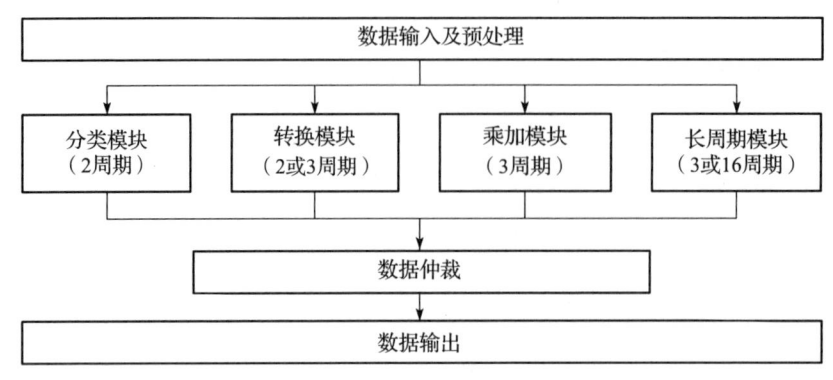

图 6-11　浮点运算部件设计结构示意图

浮点乘加指令延时较长，需要 3 个周期实现，为了减少写回浮点寄存器的频繁仲裁操作，浮点运算部件将除了长周期以外的其他写回浮点寄存器的指令对齐到 3 个周期。因为定点运算部件是双周期写回，浮点运算部件将写回定点寄存器的指令对齐到 2 个周期，所以该部件只需要对浮点除法和浮点开平方根指令 16 周期写回的情况进行仲裁，其他指令可以全流水执行。

基于上述的并行计算原因，SpringCore 浮点运算部件的设计划分了 4 个并行执行模块，分别是分类模块、乘加模块、长周期模块和转换模块，对应的周期数为 2 周期、3 周期、3 周期或 16 周期、2 或 3 周期。综合考虑资源复用从而对指令进行划分，分类指令划分到分类模块实现；浮点加、减、乘、乘加、乘减、负乘加和负乘减指令划分到乘加模块实现；长周期模块用于实现浮点除法和浮点开平方根指令，需要数据仲裁模块进行配合完成。其余指令划分到转换模块实现。本浮点运算部件各个模块实现指令如表 6-11 所示。

表 6-11　浮点运算部件指令实现

指令类型		汇编指令	功能描述	周期数	操作模块
分类指令	RV32-F	FCLASS.S rd, rs1	根据浮点数判断其所属类型	2	分类模块
比较指令	RV32-F	FEQ.S rd, rs1, rs2	浮点等于比较	2	转换模块
		FLT.S rd, rs1, rs2	浮点小于比较	2	
		FLE.S rd, rs1, rs2	浮点大于比较	2	
		FMIN.S rd, rs1, rs2	浮点较小值比较	3	
		FMAX.S rd, rs1, rs2	浮点较大值比较	3	

（续）

指令类型		汇编指令	功能描述	周期数	操作模块
符号指令	RV32-F	FSGNJ.S rd, rs1, rs2	符号位注入	3	转换模块
		FSGNJN.S rd, rs1, rs2	符号位取反注入	3	
		FSGNJX.S rd, rs1, rs2	符号位异或注入	3	
转换指令	RV32-F	FCVT.W.S rd, rs1	单精度浮点数转换为有符号整数	2	转换模块
		FCVT.WU.S rd, rs1	单精度浮点数转换为无符号整数	2	
		FCVT.S.W rd, rs1	有符号整数转换为单精度浮点数	3	
		FCVT.S.WU rd, rs1	无符号整数转换为单精度浮点数	3	
	扩展指令	FRACF32 rd, rs1	单精度浮点数返回其小数部分	3	
转移指令	RV32-F	FMV.X.W rd, rs1	将浮点寄存器数据转移到通用整数寄存器	2	
		FMV.W.X rd, rs1	将通用整数寄存器数据转移到浮点寄存器	3	
基本算术指令	RV32-F	FADD.S rd, rs1, rs2	浮点加法	3	乘加模块
		FSUB.S rd, rs1, rs2	浮点减法	3	
		FMUL.S rd, rs1, rs2	浮点乘法	3	
		FMADD.S rd, rs1, rs2, rs3	浮点乘加	3	
		FMSUB.S rd, rs1, rs2, rs3	浮点乘减	3	
		FNMADD.S rd, rs1, rs2, rs3	浮点负乘加	3	
		FNMSUB.S rd, rs1, rs2, rs3	浮点负乘减	3	
除法指令	RV32-F	FDIV.S rd, rs1, rs2	浮点除法	3 或 16	长周期模块
开平方根指令	RV32-F	FSQRT.S rd, rs1	浮点开平方根	3 或 16	

6.2.4 浮点乘加器

在许多科学计算和工程应用中，浮点乘加操作是一种基本的操作。如卷积运算、点积运算、矩阵运算、数字滤波器运算，以及多项式的求值运算都可以分解为多个乘加指令实现,可以提高上述运算的效率。浮点乘加运算的操作和浮点乘积累加基本一致,但是存在不同之处,如图6-12所示。图6-12a为浮点乘积累加运算,先完成$A \times B$的乘积,将其结果舍入和规格化得到结果,然后与C的数值相加,再把结果进行舍入和规格化,获得最终结果。图6-12b为浮点乘加运算,先完成$A \times B+C$的操作,获得完整结果后进行舍入和规格化,获得最终结果。由于减少了一次结果舍入和规格化,这种操作可以提高运算结果的精度,同时也提高了运算效率。

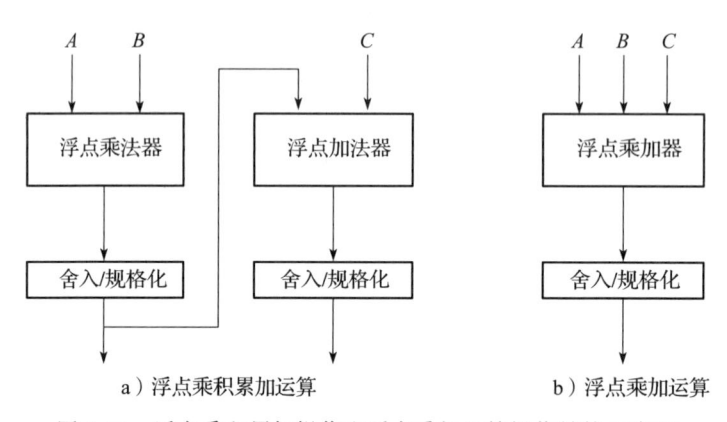

图 6-12 浮点乘积累加操作和浮点乘加运算操作结构示意图

在硬件实现时,由于浮点乘加运算复杂度较高,硬件资源消耗大,延时相对较长。基于这种原因,在设计时就必须在满足时序的情况下,增加资源复用率从而降低硬件资源消耗。本处理器内核主频在150MHz,经过评估发现浮点乘加可以在3个周期内实现,这个周期数处在可接受范畴,所以本浮点乘加器的设计,将在满足3个时间周期的情况下,尽可能地增加资源复用。

如果存在浮点乘加器的情况下,又存在浮点加法器和浮点乘法器,硬件资源消耗较大。本设计将浮点乘加、乘减、负乘加、负乘减、加法、减法和乘法进行融合,共用一套浮点乘加器的硬件资源。为满足这种复用设计,只需要在输入时进行约束,如实现浮点乘减,对C的符号位取反;实现负乘加指令,对A和C的符号位取反;实现负乘减指令,对A的符号位取反;实现加法指令,A和C为操作数,B置为浮点常数1,即$A \times 1+C$;实现减法指令,A和C为操作数,B置为浮点常数1,C的符号位取反,也就是$A \times 1+(-C)$;实现浮点乘法运算,A和B为操作数,C置为0,也就是$A \times B+0$。下面介绍浮点乘加器实现。

针对 IEEE 754-2008 单精度浮点数据格式进行的浮点乘加器设计,浮点乘加器计算实现步骤十分复杂,假设 SA、SB、SC 分别为 A、B、C 的符号,EA、EB、EC 分别为 A、B、C 的指数,FA、FB、FC 分别为 A、B、C 的尾数,如图 6-13 所示,浮点乘加器的算法如下:

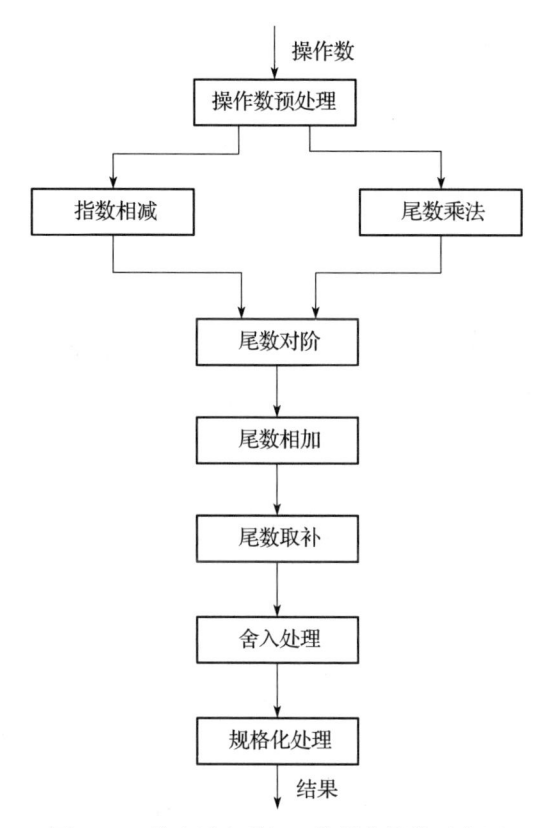

图 6-13 基本浮点乘加运算操作结构示意图

1)操作数预处理:将三个操作数的符号位、指数、尾数进行拆分用于后续处理。对于操作数为非规格化数时,增加转化为规格化数的移位处理操作。

2)尾数乘法:将 FA 和 FB 进行尾数乘法运算。

3)指数相减:计算指数 EA 和 EB 之和减去偏置值,将计算后的指数结果与 EC 进行比较,若小于 EC,则交换尾数乘积与 FC。

4)尾数对阶:将较小操作数右移位,使得两操作数在移位后指数相等,尾数对齐。

5)尾数相加:对移位后的两个尾数进行加法运算。

6）尾数取补：当尾数相加的结果为负数时，对结果取补码以获得尾数的原码表示形式。

7）舍入处理：根据尾数情况、操作数符号以及指数差等对尾数进行 5 种舍入操作。

8）规格化处理：将结果整合为单精度浮点格式的标准，生成 4 种异常标志。

通过以上步骤即可完成浮点乘加的运算，但是通过这种方式进行运算，延时较大，无法满足性能需求。上述问题可采用多路径算法解决。根据 $A \times B$ 与 C 的指数差对尾数加法进行路径划分，在合理划分的情况下划分越多时序情况相对更好，但是路径数越多消耗的资源也就越多。本设计在设计之初通过评估发现，划分 3 个路径可以满足 150MHz 主频下的 3 个周期实现。

基于上述原因本设计的浮点乘加器定义了 3 个路径，分别定义为加数路径、乘积项路径、close 路径，根据公式 $d = EC - (EA + EB) + BIAS$ 和 $g = SA \wedge SB \wedge SC$ 为划分原则进行路径划分，如表 6-12 所示。路径的划分，可以通过增加面积的方式，增加并行性，从而减少关键路径延时，提高硬件实现时的主频。

表 6-12　三路径算法划分原则

路径名称	g	d
加数路径	0	$d \geq 1$
	1	$d > 2$
乘积项路径	0	$d < 1$
	1	$d < -1$
close 路径	1	$-1 \leq d \leq 2$

三路径算法的浮点乘加器运算操作如图 6-14 所示。加数路径和乘积项路径在尾数计算时必定是较大数减去较小数，保证结果为正数，不需要做负数时的补码操作。close 路径因为加数路径和部分积路径的存在使得需要处理的指数情况显著减少，尾数移位对齐所需要的移位量也大幅度减小。所以在 close 路径实现时，相比于单路径的乘加实现，所需要的延时降低，在实现时可以通过对尾数进行比较，保证较大数减去较小数获得计算结果，但是在 close 路径会出现尾数相减产生很多 0 的情况，这种情况下需要进行规格化。如果在尾数加法之后进行前导 0 判断，再进行规格化移位时延时较大。基于上述原因，可以采用前导 0 预测算法，与尾数加法同时计算，在尾数计算完成时可以根据前导 0

预测算法得出的结果进行规格化移位处理，降低 close 路径的延时，从而降低整个浮点乘加运算的路径延时，满足时序要求。

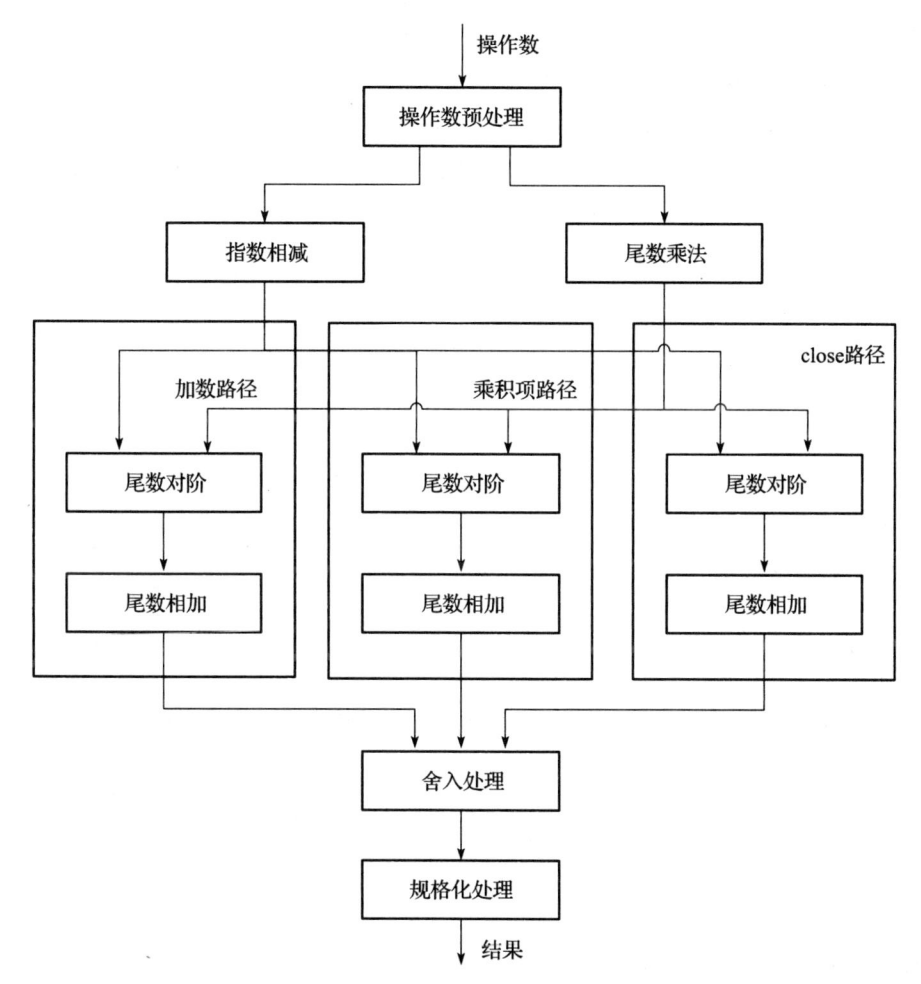

图 6-14 三路径算法的浮点乘加器运算操作结构示意图

对于选择几条路径的算法来实现，需要根据具体的需求来评估。对于延时要求不高的情况下可以选择较少的路径数，从而减少资源消耗；对于延时要求较高的情况下可以选择更多的路径划分，通过面积换时序的方法来实现。浮点乘加器在实现过程中存在较多的设计技巧，如尾数乘积采用 booth 编码加华莱士树、前导 0 预测、数据舍入的优化等。

6.2.5 浮点除法和开平方根部件

高性能除法的实现可以分为两大类，即函数迭代算法和数字迭代算法。函数迭代算法以乘法算法为基本运算，并在乘法运算基础上通过迭代逼近算法实现，例如牛顿迭代算法和 Goldschmidt 算法等。这类算法通常可实现较高性能，同时此类算法可以通过流水线实现，可实现更低延时和更大吞吐率。但是，由于运算中需要很多乘法器资源，导致整个设计对面积资源和动态功耗的消耗特别大。数字迭代算法以加、减法为基本运算，通过线性收敛来实现，主要包括恢复余数算法、不恢复余数算法、SRT 算法。数字迭代算法的优点是硬件开销更少，实现所需要的面积更小，但缺点是延时较长，因为获取每个商位都需要一次循环。除上述两大类外还有泰勒级数展开算法，该算法是运用高阶迭代，虽然可以快速收敛，但是相应资源和延迟没有太大改善，除某些特定领域外运用较少。基于以上原因，本设计可以采用数字迭代算法来实现除法，该类算法硬件开销更小。

高性能开平方根的硬件实现与除法有许多相似之处，上述除法算法基本可用于平方根算法，因此平方根算法依旧可以选择以加、减法为基本运算的数字迭代算法。数字迭代算法存在恢复余数算法、不恢复余数算法、SRT 算法，为此需要进行评估。本设计的目标是在实现精确计算的同时硬件开销最小。与恢复余数算法相比，不恢复余数算法拥有更简单的商位选取规则，因此每次迭代的开销可以比恢复余数算法更低。SRT 算法是不恢复余数算法的扩展，主要目标是使循环次数减少，但是相对来说会增加设计的复杂度。基于上述原因，本设计均选择不恢复余数算法进行除法和开平方根的实现，同时进行资源复用。但是由于不恢复余数算法每次循环只产生一位的商，如果每个周期循环一次，周期数就显得太长。经过综合工具的评估，可以将两次循环迭代放在一个周期中实现，直接减少了一半的周期数，达到可接受的周期数范畴。

下面将详细介绍关于浮点除法和浮点开平方根运算中关于尾数中采用不恢复余数算法进行尾数相除或者尾数开平方根运算。尾数除法和开平方根运算均使用加法器，由于在运算过程中不会同时存在浮点除法和浮点开平方根运算，因此该部分核心硬件资源可以进行复用。下面对不恢复余数除法和不恢复余数开平方根运算进行简要介绍。

首先介绍不恢复余数除法运算实现，结构如图 6-15 所示。

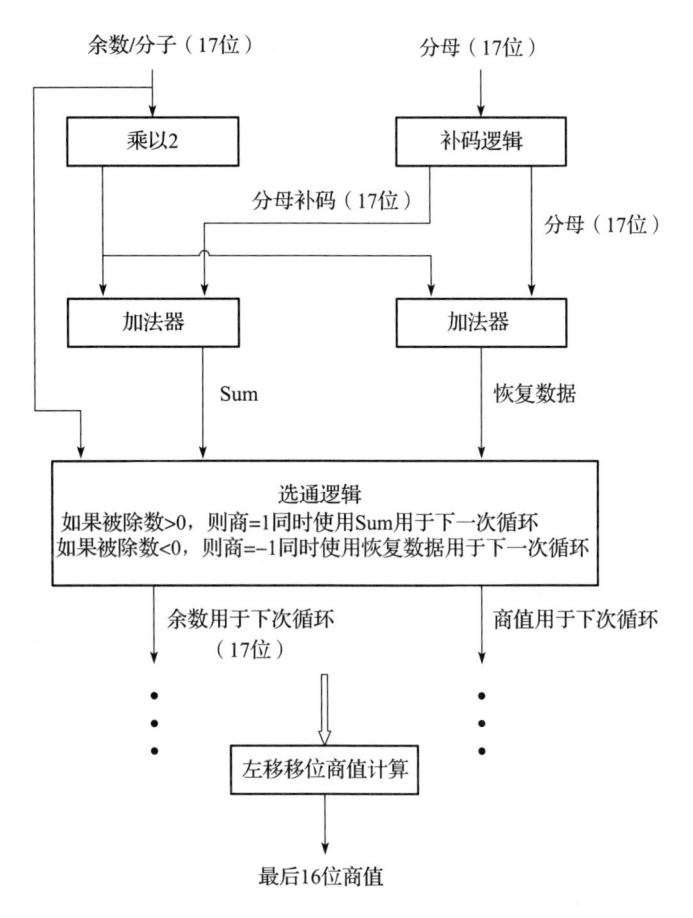

```
                      余数/分子（17位）         分母（17位）
                            │                    │
                            ▼                    ▼
                      ┌──────────┐        ┌──────────┐
                      │   乘以2   │        │  补码逻辑 │
                      └──────────┘        └──────────┘
                            │   分母补码（17位）  │ 分母（17位）
                            │         │          │
                            ▼         ▼          ▼
                      ┌──────────┐        ┌──────────┐
                      │  加法器   │        │  加法器   │
                      └──────────┘        └──────────┘
                            │ Sum                │ 恢复数据
                            ▼                    ▼
                   ┌────────────────────────────────────┐
                   │            选通逻辑                 │
                   │ 如果被除数>0，则商=1同时使用Sum用于下一次循环 │
                   │ 如果被除数<0，则商=-1同时使用恢复数据用于下一次循环 │
                   └────────────────────────────────────┘
                            │                    │
                     余数用于下次循环         商值用于下次循环
                        （17位）
                            ⋮                    ⋮
                            ▼
                      ┌──────────────┐
                      │ 左移移位商值计算 │
                      └──────────────┘
                            ▼
                       最后16位商值
```

图 6-15 16 位不恢复余数除法结构示意图

当分子和分母先进入除法器时，分子和分母的位数从 16 位扩展到 17 位，以检查它们的符号是正还是负。然后对分子或者余数乘以 2，补码逻辑在最开始的阶段将分母改为自己的补码形式。将上述两个数据分别进行加法运算获得 Sum 和恢复数据。经过此过程后，由多路复用器和反相器组成的选通逻辑会检查分子（在第一阶段）或当前部分余数（在第一阶段之后）的符号，并设置商数位，决定使用 Sum 或恢复数据作为下一个部分余数，之后开始下一次迭代循环。迭代循环结束后可获得 16 位商值。商值由于采用{1, -1}代替了传统的二进制数字集，这种商集减少了不恢复余数除法的延迟，并且每次迭代只需要一次加法延迟。但是这种商集存在一些缺点，它必须使用数字转换逻辑转换为常规的二进制数，常用的是在线转换，在上述结构中采用一个移位器和一个寄存器实现，也就是图 6-15 中左移移位商值计算。

上述即为不恢复余数除法运算,对于本设计的浮点除法而言,只需要对尾数进行除法运算,将两次循环迭代放在一个周期中实现,即每个周期迭代两次,获得2位商值。如果需要获得更多的商值,可以增加迭代次数以此获得所需要的精度。同时上述采用了两个加法器实现,为了节约硬件资源,可以根据分子(在第一阶段)或当前部分余数(在第一阶段之后)的符号对补码逻辑进去判断是否需要做补码逻辑,即可压缩为一个加法器实现。

接下来介绍不恢复余数开平方根运算实现。假定被开方数是一个32位的无符号数:$D = D_{31}D_{30}D_{29}\cdots D_1D_0$。该被开方数据为$D_{31} \times 2^{31} + D_{30} \times 2^{30} + D_{29} \times 2^{29} + \cdots + D_1 \times 2^1 + D_0 \times 2^0$,对于被开方数的每一项都存在一个数位进行表示。因此对于32位的被开方数运算之后存在16位数据:$Q = Q_{15}Q_{14}Q_{13}\cdots Q_1Q_0$。余数$R = D - Q \times Q$存在最大17位:$R = R_{16}R_{15}R_{14}\cdots R_1R_0$。这是因为等式$D = (Q \times Q + R) < (Q+1) \times (Q+1)$,则$R < (Q+1) \times (Q+1) - Q \times Q = 2 \times Q + 1$,因为$R$为整数所以$R \leqslant 2 \times Q$。这意味着余数比平方根多一个二进制位。因为没有对平方根使用冗余表达,因此在每次迭代中可以得到一个精确的数位,这使得硬件实现简单。下面给出非冗余二进制表示的不恢复余数平方根算法。

1)设置$q_{16} = 0$,$r_{16} = 0$,循环迭代从$k=15$到$k=0$。
2)如果$r_{k+1} \geqslant 0$,$r_k = r_{k+1}D_{2k+1}D_{2k} - q_{k+1}01$,反之$r_k = r_{k+1}D_{2k+1}D_{2k} + q_{k+1}11$。
3)如果$r_k \geqslant 0$,$q_k = q_{k+1}1$,反之$q_k = q_{k+1}0$。
4)重复步骤2)和3)一直到$k=0$,如果$r_0 < 0$,$r_0 = r_0 + q_01$。

上述中$q_k = Q_{15}Q_{14}Q_{13}\cdots Q_k$,存在$16-k$位,例如$q_0 = Q_{15}Q_{14}Q_{13}\cdots Q_1Q_0$。$r_k = R_{16}R_{15}R_{14}\cdots R_k$,存在$17-k$位,例如$r_0 = R = R_{16}R_{15}R_{14}\cdots R_1R_0$。注意上述中$r_{k+1}D_{2k+1}D_{2k}$等价于$r_{k+1} \times 4 + D_{2k+1} \times 2 + D_{2k}$,$q_{k+1}1$等价于$q_{k+1} \times 2 + 1$,不需要加法或者乘法实现,采用移位和串联实现。针对上述的32位被开方数的迭代电路结构如图6-16所示。

32位的被开方数放置在寄存器D中,每次迭代会将其左移2位。寄存器Q保持平方根结果,它将在每次迭代中左移一位。寄存器R(R2与R0组合)包含部分余数。寄存器Q和R在开始时被清除。流程需要一个16位的传统加减法器。若控制输入为0则减去,否则相加。其中的三个门(或门、同或门和非门)用于实现$D_{2k+1}D_{2k}-01$或者$D_{2k+1}D_{2k}+11$操作。注意一旦被开方数被加载到寄存器D中,寄存器Q和R就应该被清除。上述即为开平方根运算,对于本设计的浮点开平方根而言,只需要对尾数进行开平方根运算,将两

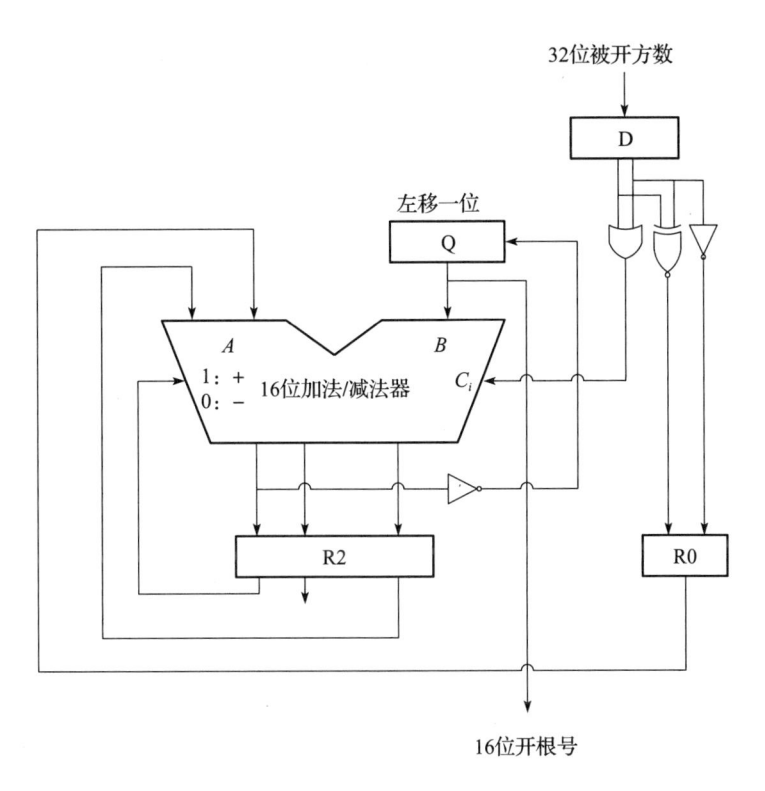

图 6-16 开平方根迭代电路结构示意图

次循环迭代放在一个周期中实现,即每个周期迭代两次,获得 2 位商值。如果需要获得更多的商值,可以增加迭代次数以此获得所需要的精度,对于迭代中 D 数据位不够时,这时可对其低位用 0 进行补齐。

从上述不恢复余数除法和开平方根实现中可以得知,经过调整之后每次迭代都是使用一次加法器和商值移位。由此可以看出两种算法在实现的主体结构上是一致的,只是使用的数据不同,因此在实现过程中可以使用相同的硬件资源实现,增加资源利用率。当然上述仅为本设计中的参考实现,对于不恢复余数的算法存在很多种类的结构,不局限于上述的两种算法,可以根据需求进行选择和优化,以此达到设计需求。

下面介绍浮点除法和开平方根实现流程,它是针对 IEEE 754 单精度浮点数据格式进行的浮点除法和开平方根设计。如图 6-17 所示,浮点除法和开平方根运算操作分 6 个步骤进行。

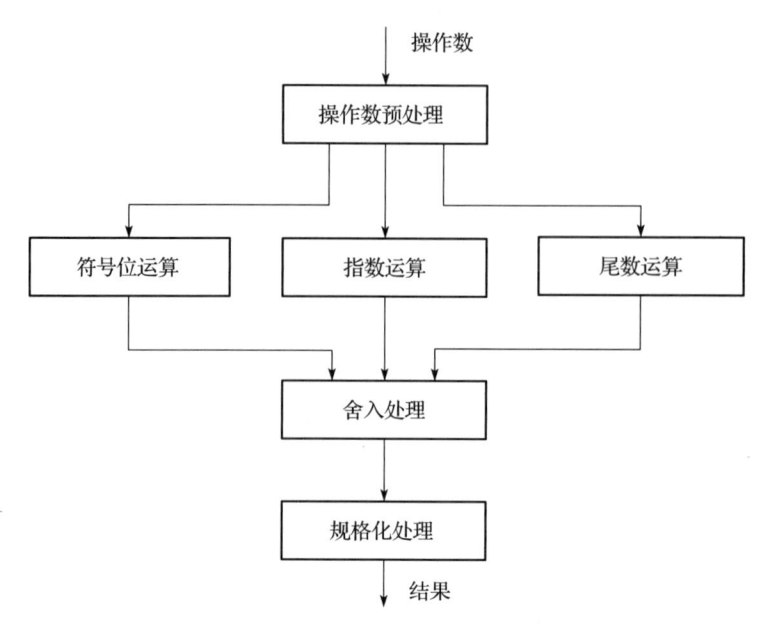

图 6-17 浮点除法和开平方根运算操作结构示意图

1）操作数预处理：将两个操作数的符号位、指数、尾数进行拆分用于后续处理。对于操作数为非规格化数时，增加转化为规格化数的移位处理操作。

2）符号位运算：对被除数和除数的符号位做逻辑异或操作。对开平方根操作数的符号直接保留。

3）指数运算：两数相除，指数运算使用减法即可，相减后加上偏置值。开平方根运算，减去偏置值后，若为偶数直接除以 2，若为奇数，则减 1 再除以 2 后，再加上偏置值。

4）尾数运算：采用不恢复余数算法进行尾数相除或者尾数开平方根运算。两种不恢复余数算法的加法器进行资源复用，从而减少硬件开销。

5）舍入处理：根据尾数情况、操作数符号以及指数差等对尾数进行 5 种舍入操作。

6）规格化处理：将结果整合为单精度浮点格式的标准，生成 5 种异常标志。

通过上述步骤即可完成浮点除法和开平方根的运算。以上即为浮点除法和开平方根的总体设计，具体的内部模块在设计时仍存在较多的设计技巧，例如非规格化数处理、前导 0 设计、舍入操作等都会对时序产生比较大的影响。内部实现虽然存在众多的设计技巧，但是对于优化策略的实现需要根据综合工具的评估才能真正地进行使用。

6.3 本章小结

本章主要介绍了 SpringCore 的定点运算部件和浮点运算部件设计。关于定点运算部件，较为详细地介绍了定点运算部件的组织结构以及各组成部分的设计，并对超前进位加法器、布什-华莱士树乘法器、乘累加部件、移位器、基 4 SRT 除法器等功能部件的算法原理和具体结构设计进行了全面介绍，希望读者能够对处理器的定点运算部件设计有一个初步认识。关于浮点运算部件，较为详细地介绍了浮点运算部件的组织结构以及各组成部分的设计，基于浮点控制和状态寄存器、舍入模式、异常标志位，对乘加器、除法、开平方根等功能部件的算法原理和具体结构设计进行了全面介绍。浮点乘加器侧重于对多指令资源复用型实现处理以及多路径划分减少关键路径延时的方案。浮点除法和开平方根部件，以硬件资源开销最小为核心。

CHAPTER 7

第 7 章

异常和中断机制

处理器的异常和中断机制是指处理器在正常执行程序流的过程中需要及时响应一些程序异常执行情况或者处理器外部事件，并在处理结束后能够正确返回到原程序执行位置。异常和中断机制是处理器的关键处理机制，保障了计算机系统运行的稳定性、可靠性以及对外部事件响应的实时性，本章将以 SpringCore 为例介绍处理器的异常和中断机制。

7.1 异常和中断介绍

通常情况下，由处理器内部事件或者程序执行中的错误打断处理器内核正常程序执行流的情形称为异常，由外部设备发出的请求打断处理器内核正常程序执行流的情形称为中断。异常通常是由处理器内部指令执行的特殊情况产生的，既包括执行调试断点指令 EBREAK、执行环境调用指令 ECALL 等正常情形，也包括取指令访问到非法的地址区间、取指令地址非对齐错误、访存指令存取数据地址不对齐、读写数据访问地址属性出错、非法指令错误等错误情形。中断通常是由处理器外部设备的请求产生的，既包括软件中断、定时器中断、外部中断等正常情形请求，通知处理器去服务操作系统进程切换等任务、执行定时任务、处理外部数据或者其他特定操作，也包括时钟丢失、电源故障、内存校验错误等严重的硬件故障或错误情形请求。在 RISC-V 架构中，使用术语"exception"指代与处理器内部程序指令执行出现的特殊情况相关的异常情形，使用术语

"interrupt"指代外部异步事件导致处理器正常程序流被打断的中断情形，术语"trap"指代中断或者异常发生，使得处理器执行从正常程序流中转移到服务程序中的情形。

当异常或者中断发生时，硬件一般要经历以下的处理步骤。

1）如果多种中断请求同时发生，硬件首先需要根据中断相关 CSR 的使能、优先级等信息，确定首先需要服务的中断请求。

2）保存当前程序执行的现场，包括 PC 值、寄存器状态、中断异常原因等。

3）查询并进入相应中断异常对应的服务程序入口。

4）待中断异常服务程序服务结束后，恢复之前保存的程序现场。

5）改变程序执行 PC，使它回到之前程序执行中断位置继续运行。

为了保证能够正常进入中断异常服务程序和返回原程序执行位置，SpringCore 在核内增加了特殊控制，当中断或异常信号进入核内时，指令发射模块会读取中断异常服务程序入口地址并将它与跳转信号一并发往取指单元，而后处理器内核执行中断异常服务程序。为了中断异常服务程序结束后能够正确返回现场，程序计数器控制单元会保存译码级被冲刷掉的下一条指令地址作为中断异常服务程序的返回地址。待中断异常服务程序结束后，取指单元将取回返回地址处的指令，继续执行原有程序。

异常和中断情形虽然发生的原因不尽相同，但是其处理器内核处理机制基本相同，本章将主要介绍中断处理机制，对异常处理机制不再赘述。

7.2 中断处理机制

作为一款主打实时控制性能的 DSP 处理器，SpringCore 不仅拥有极佳的内核性能，而且优化了包括感知、处理及执行整条信号链的性能，中断处理机制则是整条实时信号链上的关键环节，是实时控制场景中频繁使用到的处理器机制。顾名思义，中断是对处理器内正常程序执行流地打断，是需要处理器及时处理的异步事件，中断响应的速度直接影响了处理器对外部事件的感知、处理和执行整条信号链的性能，现代的嵌入式系统十分依赖中断处理机制。SpringCore 追求优越的实时控制性能，对整个中断流程进行了细致的优化，在中断控制器、中断服务程序（Interrupt Service Routine，ISR）入口查询、中断现场的保存和恢复等方面提高了效率，并实现了中断嵌套、中断咬尾、晚到中断等多种技术增强，拥有极佳的中断响应速度。在下面几节中，将向读者介绍 SpringCore 的中断处理方案，并希望读者能由此了解处理器的中断处理机制。

7.2.1 中断类型

在 RISC-V 架构中，中断可以分为软件中断（software interrupt）、定时器中断（timer interrupt）、外部中断（external interrupt）和调试中断（debug interrupt）、不可屏蔽中断（Non-Maskable Interrupt，NMI）这五种类型。

在 RISC-V 多硬件线程处理器中，通常通过内核局部中断器（Core Local INTerrupter，CLINT）产生软件中断和定时器中断这两种类型的中断。软件中断又称为"核间中断"（Inter-Processor Interrupt，IPI），软件中断是一种特殊的中断，由应用程序通过向 CLINT 中的软件中断寄存器（MSIP）写入非零值来触发，当检测到 MSIP 寄存器的值发生变化时，CLINT 中产生软件中断信号，处理器内核接收到软件中断信号后会停止当前程序的执行并跳转到中断服务程序，软件中断可以用于实现多进程操作系统中的进程切换、线程调度等多种用途，操作系统在中断服务程序中完成相应的操作后，返回到应用程序中继续执行。定时器中断主要通过定时器计数寄存器（MTIME）和定时器比较寄存器（MTIMECMP）中计数值的比较产生，RISC-V 架构中定义了一个 64 位的定时器，它从系统启动开始不断递增，定时器计数寄存器（MTIME）保存定时器的计数值，定时器比较寄存器（MTIMECMP）保存预先设置的计数比较值，当 MTIME 寄存器的值大于或等于 MTIMECMP 寄存器的值时，CLINT 中产生定时器中断信号，处理器会停止当前程序的执行并跳转到中断服务程序，定时器中断可以用于实现操作系统中的进程调度、定时任务等功能。

外部中断大多数是由外部设备引起的中断，多种不同的中断请求可能同时发生，此时需要根据当前中断源的使能状态、优先级等信息来确定处理器接下来将要服务的中断源，从而完成对众多中断的仲裁和管理。此外，不可屏蔽中断（Non-Maskable Interrupt，NMI）是一种硬件错误中断，NMI 无法被处理器、控制器或操作系统屏蔽或禁用，它始终具有最高的优先级，并且在任何时候都可以打断正在执行的程序，通常用于处理一些紧急情况，例如硬件故障、系统崩溃等，如果此时执行的是异常中断服务程序，mepc 和 mcause 寄存器的值将被覆盖，那么 NMI 的 ISR 执行完成后，将不能回到原来执行的程序中去。在最新的 RISC-V 特权架构规范中定义了可恢复的不可屏蔽中断（Resumable Non-

Maskable Interrupt，RNMI），主要是增加了 mnepc、mncause、mnstatus、mnscratch 等 CSR，从而保证原本的异常中断服务程序的 CSR 保存的状态不会被破坏，以实现可恢复的不可屏蔽中断 RNMI。

7.2.2 处理器中断控制器

众多不同优先级的中断的发生时间是不确定的，可能会同时向处理器内核发出中断请求，此时需要中断控制器管理众多外部中断源的中断请求，中断控制器会根据中断优先级、使能状态以及中断阈值等设置对众多中断源进行仲裁和管理，使得处理器内核可以优先服务于紧急程度最高的中断请求，从而可以最大限度地满足处理器的实时处理的要求。

RISC-V 架构中定义了处理器局部中断器（Core-Local INTerrupter，CLINT）、处理器局部中断控制器（Core-Local Interrupt Controller，CLIC）、平台级中断控制器（Platform-Level Interrupt Controller，PLIC）等多种外部中断控制器规范，如图 7-1 所示。图 7-1a 是仅用 CLINT 控制器的方案，CLINT 控制器的优先级是固定且不可配置的，越高 ID 的中断的优先级越高，可以实现软件中断、定时器中断、外部中断这三种中断的管理，不支持不同优先级的中断之间的抢占，适合用于中断源数量少且优先级固定的简单嵌入式场景；图 7.1b 是仅用 CLIC 控制器的方案，CLIC 控制器可以管理软件中断、定时器中断、外部中断这三种中断，管理的中断源数量众多且优先级可以配置，支持中断嵌套机制，并且 CLIC 控制器的中断服务流程简单，CLIC 控制器的复杂程度介于 PLIC 控制器和 CLINT 控制器之间，更适合应用在追求中断处理效率的微控制器应用领域；图 7.1c 是同时使用 PLIC 控制器和 CLINT 控制器的方案，PLIC 控制器可以管理众多外部中断源的中断请求，并将它们发到系统中的一个或多个处理器内核上，其管理的中断数量众多并且优先级是可配置的，CLINT 控制器负责软件中断、定时器中断的管理，适合应用在多核处理器系统中。

CLINT 控制器方案过于简单，不能满足功能需求，PLIC 控制器方案适合应用于多核处理器中断的分发和管理，CLIC 中断控制器方案的中断流程简单、功能强大灵活、中断响应速度快，SpringCore 中选择了对实时控制场景更加友好的 CLIC 中断控制器。接下来将简要介绍 CLIC 中断控制器规范，CLIC 中断控制器实现对外部中断进行采样、优先级仲裁和管理，其具有以下技术特性：

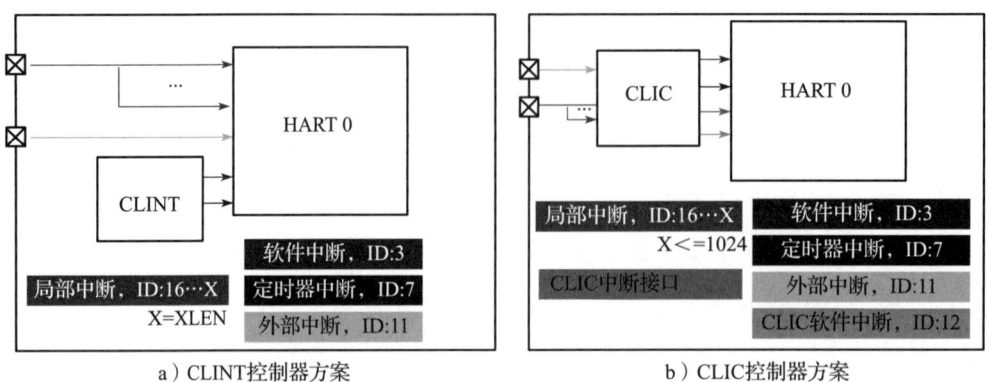

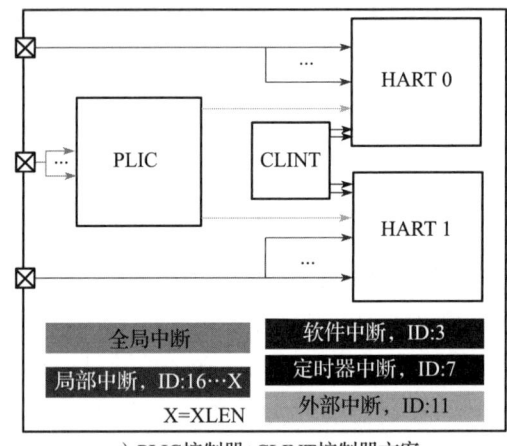

图 7-1 RISC-V 架构中断控制器方案

- 兼容 CLINT 中断控制器的软件中断、定时器中断、外部中断。
- 中断级别和中断优先级灵活可配置。
- 支持中断嵌套，特定特权模式下，CLIC 中断控制器支持 256 个中断级别，中断级别 0 表示程序正常执行，中断级别 1～255 表示中断服务程序的级别，更高中断级别的中断抢占正在执行的低中断级别中断的 ISR。
- 可实现选择性中断硬件向量化，对实时性要求高的外设中断，可以采取硬件向量化，其余可采取非硬件向量化的方式。
- 支持电平触发、边沿触发的中断请求触发类型检测。

CLIC 中断控制器支持最高多达 4096 个中断源的仲裁和管理，每个中断源有 4 个 8 位存储地址映射的控制寄存器，如中断等待寄存器 clicintip[i]、中断使能寄存器

clicintie[i]、中断属性寄存器 clicintattr[i]、中断控制寄存器 clicintctl[i] 等。中断等待寄存器 clicintip[i] 表示中断源是否有中断请求产生，中断等待位位于 clicintip[i] 的最低位，该寄存器占据一个字节地址，当触发类型为中断属性寄存器中设置的电平中断或边沿触发类型时，该寄存器的中断等待位拉高，记录中断源的中断请求。中断使能寄存器 clicintie[i] 表示对中断源的使能，中断使能位位于 clicintie[i] 的最低位，该寄存器占据一个字节地址，可读写，mstatus 寄存器中的全局中断使能位和中断使能寄存器 clicintie[i] 共同决定了该中断源的使能状态，只有既处于使能状态又处于等待状态的中断源的请求才参与到中断控制器的仲裁，并可能最终被处理器内核响应处理。中断属性寄存器 clicintattr[i] 决定了该中断源所处的特权模式、触发类型以及是否使用中断硬件向量化，例如 trig 域定义了每个中断源的触发类型是高电平触发、低电平触发、上升沿触发或下降沿触发。shv 域决定了每个中断源查询 ISR 入口是硬件向量化还是软件轮询的方式，如果是硬件向量化，中断响应将直接跳转到 mtvt 为基地址的硬件中断向量表中的地址，执行响应中断请求的中断服务程序。如果是非硬件向量化，中断响应将首先跳转到 mtvec 基地址处的公共中断服务程序，之后通过软件方式查询到具体的中断服务程序入口，从而响应相应的中断请求。中断控制寄存器 clicintctl[i] 确定中断源 i 的中断级别和中断优先级，配置寄存器 mcliccfg 的 mnlbits 域则定义了中断控制寄存器 clicintctl[i] 中决定中断级别的位数。

CSR 在中断服务过程中有控制中断使能状态、保存中断现场信息、记录中断服务程序入口和中断返回地址等作用，CLIC 中断控制器规范中规定了对 CSR 的增加、修改和删除，例如新增了 mtvt、mnxti、mintstatus、mintthresh 等 CSR、对 mtvec、mcause 等 CSR 的使用进行了修改以及不再使用 mie、mip 等 CSR，表 7-1 描述了中断相关 CSR 的功能。

表 7-1 中断相关 CSR 描述

寄存器名称	寄存器地址	功能描述
mstatus	0x300	mstatus 寄存器中的 mie 域是中断全局使能位，mpie 域保存进入中断前的中断全局使能位，mpp 域保存进入中断或异常之前的特权模式
mtvec	0x305	mtvec 寄存器保存非硬件向量化和异常的公共中断服务程序入口以及响应模式等
mtvt	0x307	mtvt 寄存器保存中断硬件向量表的基地址，硬件向量化的中断请求将跳转到其中地址表示的中断服务程序入口
mepc	0x341	mepc 寄存器保存从中断异常服务程序返回的指令地址，保持 64 字节及以上对齐

（续）

寄存器名称	寄存器地址	功能描述
mcause	0x342	mcause 寄存器保存进入中断或异常的原因，Interrupt 域记录是中断还是异常，mpil 域记录进入中断之前的中断级别，Exccode 域记录当前响应中断请求的 ID 号，mpie 域、mpp 域是 mstatus 寄存器中相应域的映射
mnxti	0x345	仅用于非硬件向量化时，通过 CSRRSI 或 CSRRCI 指令来访问，当有写效应时，返回此时非硬件向量化的中断请求的中断向量表中的地址，并更新中断相关 CSR 的状态以及 mstatus 寄存器的全局使能位，可用于实现非硬件向量化的中断咬尾、晚到中断等机制
mintthresh	0x347	mintthresh 寄存器保存中断阈值，只有中断级别高于中断阈值的中断请求才会被内核响应
mintstatus	0xFB1	mintstatus 寄存器保存当前响应中断请求的中断级别

只有使能且处于等待状态的中断源的中断请求才会参与到 CLIC 中断控制器的中断仲裁中，CLIC 中断控制器根据中断级别和优先级对同时发起的多个中断请求进行仲裁，中断级别（第 1 仲裁优先级）更高的中断源、优先级更高（第 2 仲裁优先级）的中断优先响应，当中断级别和优先级均相同时，中断源 ID 越大（第 3 仲裁优先级）其响应的越优先，中断控制器将仲裁出的中断请求发送至内核，当中断级别高于 mintthresh 寄存器中的中断阈值时，处理器内核可响应该中断请求，跳转到相应的中断服务程序。在下节中，将详细阐述 SpringCore 的中断处理机制。

7.2.3 中断处理机制的流程

接下来将结合 SpringCore 来向读者介绍中断处理机制的流程，并介绍 SpringCore 为了提高中断事件处理效率而引入的中断嵌套、中断咬尾、晚到中断等中断性能增强机制。SpringCore 的中断处理机制的服务流程分为下面几个步骤。

1）触发中断。中断通常由外设触发，外设会向处理器发送中断请求信号。

2）中断仲裁。众多的外设可能在同一时刻发出中断请求，SpringCore 中的 CLIC 中断控制器会根据不同中断源的中断级别、优先级、使能状态以及中断阈值等条件来选出将要服务的外设中断请求。

3）进入中断服务程序入口。当处理器内核接收到来自 CLIC 中断控制器发送的中断请求信号后，要根据 CLIC 中断控制器选择出的待服务中断请求执行相应的 ISR，查询 ISR 入口主要有软件轮询和中断硬件向量化这两种方式，软件轮询是指所有的中断请求首先都会进入一个共有的 ISR，通过该 ISR 计算出待服务中断请求的 ISR 入口，中断硬件向量化是指通过查询硬件中断向量表来获得相应的 ISR 入口，中断向量表是一个用于存储 ISR 入口地址的内存区域，在处理器启动时已经初始化，每个存储地址保存一个 ISR 入口地址。当中断发生时，处理器会根据中断 ID 号在中断向量表中查找相应的 ISR 入口地址，并跳转到该地址执行 ISR。在进入 ISR 入口的同时，处理器会将当前的特权模式、中断使能状态、发生中断的原因、中断向量基地址、中断返回地址等信息保存到 mstatus、mcause、mtvec、mepc 等 CSR 中，以便能够显示当前正在服务的中断请求的关键信息以及能够在 ISR 执行完成后正确返回到原程序中去。

4）中断现场保存。在正式执行 ISR 之前，处理器通常会保存当前程序的寄存器状态，将定点通用寄存器和浮点通用寄存器等 ISR 将要覆盖的寄存器保存到栈中，以防止 ISR 对寄存器堆的覆盖修改影响原程序的恢复执行。中断现场保存的寄存器数量较多，其延迟将显著影响中断响应的速度，SpringCore 中新增了影子寄存器堆和增加访存带宽的 LOAD/STORE 指令，以此加快处理器的中断现场保存的过程。

5）正式执行中断服务程序。处理器正式执行响应中断请求对应的 ISR，对响应的外部中断事件及时进行处理，中断服务程序一般包括访问外设数据、配置外设的控制寄存器、算法执行、清除中断等待位等操作。

6）中断现场恢复。在 ISR 执行完成后，处理器通常会恢复保存到栈中的定点通用寄存器和浮点通用寄存器的内容。

7）继续执行。在中断现场恢复之后，处理器执行 MRET 指令恢复之前保存的中断相关的 CSR 状态，并根据 mepc 寄存器内容跳转回原程序的执行位置，并从之前停止的地方继续执行。

以上步骤是常规的中断处理机制的服务流程，为了进一步提高中断响应和处理效率，SpringCore 中针对高优先级中断抢占低优先级中断执行、低优先级中断被高优先级中断堵塞等情形进行了优化，接下来将介绍引入的中断嵌套、中断咬尾、晚到中断等机制。

中断嵌套是指在一个较低优先级中断的 ISR 执行过程中，又发生了一个更高优先级的中断，处理器中断正在运行的 ISR 转而抢占执行更高优先级中断的 ISR，当更高优先级的 ISR 执行完毕后，回到先前被中断的 ISR 继续执行，如图 7-2 所示。中断嵌套是一种常见的中断处理技术，在实时控制处理器中广泛使用，它可以提高系统的响应速度和实时性，同时保证更高优先级的任务不会被低优先级的任务阻塞。中断嵌套也存在一些问题，中断嵌套会增加系统的复杂性和开销，因为需要保存和恢复多个 ISR 的中断现场，极端情况下还可能造成堆栈溢出。因此，在设计 ISR 时，需要根据具体应用场景和系统需求，合理地设置中断优先级和中断嵌套层数，以实现最佳的系统性能。

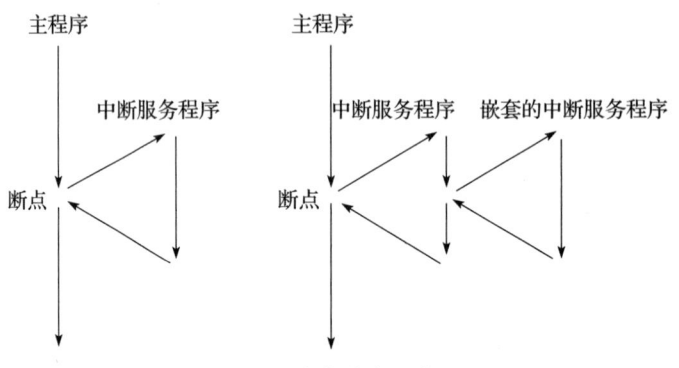

图 7-2 中断嵌套示意图

中断咬尾（tail-chaining interrupt）是指当低优先级中断被高优先级中断堵塞时，高优先级中断的 ISR 执行完成后无须恢复中断现场，低优先级中断的 ISR 无须保存中断现场，低优先级中断的 ISR 紧跟高优先级中断的 ISR 去执行，通过这种"背靠背"的方式来提高系统的响应速度和实时性。如果没有中断咬尾机制，在高优先级中断的 ISR 执行完成之后，将恢复中断现场以回到原来的程序执行位置，此时低优先级中断的 ISR 紧接着保存当前程序位置的中断现场，如此先恢复后保存中断现场的过程被白白浪费掉了，中断咬尾机制则解决了这个问题，使得中断现场保存时间开销成比例减少，当许多个不同优先级的中断 ISR 先后咬尾执行时，这一机制使得处理器的中断处理效率获得极大提高，如图 7-3 所示。

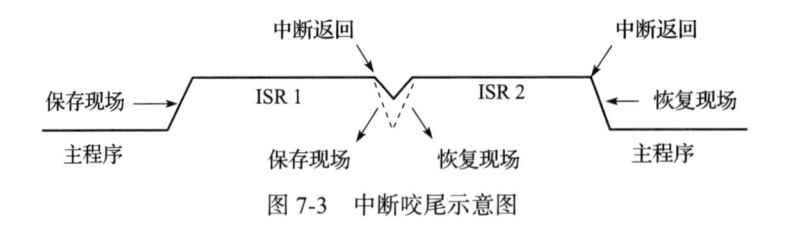

图 7-3 中断咬尾示意图

晚到中断（late-arriving interrupt）是指当一个低优先级中断正在保存中断现场并且尚未正式执行 ISR 时，一个更高优先级的中断向处理器发出响应请求，此时低优先级中断保存上下文的过程直接作为高优先级中断的中断保存上下文的过程，此后低优先级中断的 ISR 咬尾执行。若此时高优先级中断发出请求抢占低优先级中断 ISR 执行，此时会发生中断嵌套，中断嵌套会比晚到中断机制付出更多的资源和时间开销。

7.3 本章小结

本章首先阐述了异常和中断的概念、类型及其作用，然后介绍了处理器的中断异常处理过程，最后介绍了 RISC-V 架构的中断类型、中断处理流程、中断控制器等。本章覆盖了处理器异常和中断处理机制的基本原理，并介绍了在 RISC-V 架构下的具体实现方案，系统设计者、操作系统开发者或嵌入式系统程序员可以通过阅读本章快速学习处理器对异常中断的特殊处理机制。

CHAPTER 8

第 8 章

调试单元设计

调试单元主要用于辅助开发人员对程序的执行过程进行控制和观测。在调试模式下，该单元获得对内核的控制权，通过接收上位机发送的指令，完成对内核的控制操作，并将处理器运行结果或状态反馈给上位机。与大多数处理器类似，SpringCore 将调试单元同 JTAG、TAP 控制器结合在一起，用户可通过 JTAG 管脚连接上位机。本章将全面介绍调试单元的结构和调试处理的机制，并通过单步调试示例展示其工作过程。

8.1 JTAG 简介

由于调试单元通过 JTAG 与上位机进行交互，因此在介绍调试单元之前，本节首先简单介绍 JTAG 的背景和接口以及 TAP 控制器。

8.1.1 JTAG 背景

20 世纪 80 年代，联合测试工作组（Joint Test Action Group，JTAG）制定了一套边界扫描测试（Boundary Scan Test，BST）规范，后来该规范被标准化为 IEEE Std 1149.1。标准中定义了集成电路中的测试逻辑，用于芯片内部、芯片互联的测试，具备在芯片执行正常操作时观测或改变芯片执行状态的功能。JTAG 标准同时定义了测试访问端口（Test Access Port，TAP），通过访问特定寄存器，可实现与调试硬件通信的功能。SpringCore 调试单元的实现采用了 IEEE Std 1149.1-2013 标准。

8.1.2 JTAG 接口

IEEE Std 1149.1 中定义了 4 个标准引脚，分别为测试数据输入（Test Data Input，TDI）、测试数据输出（Test Data Out，TDO）、测试时钟（Test ClocK，TCK）、测试模式选择（Test Mode Select，TMS），引脚名称与功能描述如表 8-1 所示。

表 8-1　JTAG 引脚名称与功能描述

引脚	描述	方向	功能
TDI	测试数据输入	输入	指令、测试数据的串行输入引脚，数据在 TCK 的上升沿转移
TDO	测试数据输出	输出	指令、测试数据的串行输出引脚，数据在 TCK 的下降沿转移
TMS	测试模式选择	输入	决定 TAP 控制器状态机状态转移的控制选择信号，TMS 在 TCK 上升沿评估
TCK	测试时钟	输入	BST 电路的时钟输入
VTref	电压参考	输入	检查目标板是否供电及其电平的电压值，连接 VCC
GND	公共地线	输入	接地

8.1.3 TAP 控制器

测试访问端口（Test Access Port，TAP）用于 JTAG 指令与数据的传输。JTAG 指令寄存器（Instruction Register，IR）和数据寄存器（Data Register，DR）是 TAP 定义的寄存器，它们直接与 TDI、TDO 两个串行的引脚相连，通过串行方式传输指令或数据，达到双向访问 JTAG 与调试传输模块（Debug Transport Module，DTM）的目的。TAP 寄存器与功能描述如表 8-2 所示。

表 8-2　TAP 寄存器名称与功能描述

寄存器	描述	功能
IR	指令寄存器	选中 TAP 控制器需要访问的 JTAG 或 DTM 寄存器
DR	数据寄存器	TAP 控制器与 JTAG 或 DTM 寄存器之间传输的数据
BYPASS	旁路寄存器	只读寄存器，当调试器不选择此 TAP 时该寄存器将被选中
IDCODE	身份编码	只读寄存器，TAP 复位 IR 自动选择，具有版本、产品编号、制造商等标识信息

在 IEEE Std. 1149.1 中，TAP 控制器是具有 16 个状态的状态机，并通过 TMS 输入引脚控制设备的状态转换，且在 TCK 的上升沿进行采样，图 8-1 为 TAP 控制器状态机示意图。

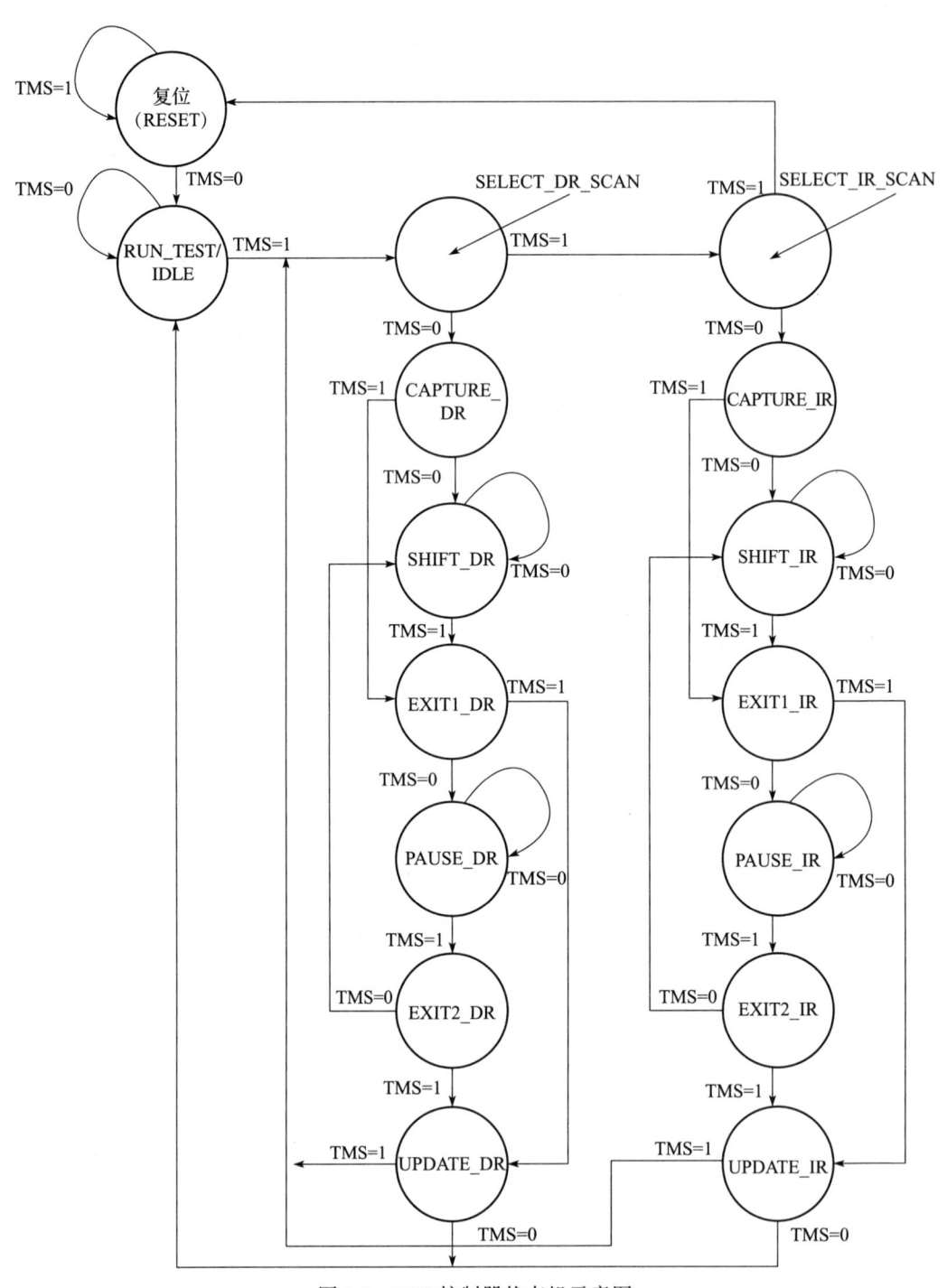

图 8-1　TAP 控制器状态机示意图

当设备上电，状态机开始于 RESET（复位）状态，IR 被初始化为 IDCODE。需要开始传输时，TAP 控制器应被置于 SHIFT_IR（移入指令寄存器）状态，此时 TDI 引脚的指令编码将被移入 IR。如图 8-1 所示，TAP 控制器从 RESET 状态到 SHIFT_IR 状态，TMS 须输入 01100 的序列。在 UPDATE_IR（更新指令寄存器）状态后，TMS 输入 100 序列，TAP 控制器到达 SHIFT_DR（移入数据寄存器）状态，此时 TDI 引脚的数据将被移入 DR，从而完成 TAP 的数据输入功能。TAP 数据输出过程与输入过程类似，在此不做赘述。

8.2 调试单元的结构

本节将详细介绍调试单元的结构与组成，侧重于描述单元内各个模块的功能以及实现功能所必要的硬件支持。首先介绍调试单元的总体结构，使读者对调试单元各模块有全局的认知。接下来详细地介绍调试单元中的各个模块，例如调试传输模块、调试模块等。调试单元需要与内核配合完成调试功能，因此也将介绍 SpringCore 为调试提供的硬件支持。

8.2.1 调试单元总览

调试单元一端通过 JTAG 协议的接口与上位机连接，另一端通过内部调试机制与 SpringCore 进行交互，其结构与组成如图 8-2 所示。

用户通过上位机调试器软件（如 GDB）、调试翻译软件（如 OpenOCD）以及调试传输硬件（例如 USB 与 JTAG 的转换接口）与调试单元进行交互。

调试单元由调试传输模块（Debug Transport Module，DTM）、调试模块（Debug Module，DM）两个核心硬件模块，以及 SpringCore 调试模式的相关逻辑构成。DTM 与 DM 之间通过 DMI（Debug Module Interface，调试模块接口）相连，DMI 具有独立于系统总线外的地址空间，调试模块各寄存器具有 DMI 的地址，上位机可通过 DMI 寻址访问。DM 与 SpringCore 之间通过总线连接，DM 各寄存器在 SpringCore 总线的地址空间内，SpringCore 作为主机可通过总线访问。

DTM 功能是将 JTAG 协议的命令翻译转换为内部的 DMI 请求，传输给 DM。在 RISC-V 调试规范中，一个 DTM 可对应多个 DM，DTM 承担各 DM 的任务分发与返回值

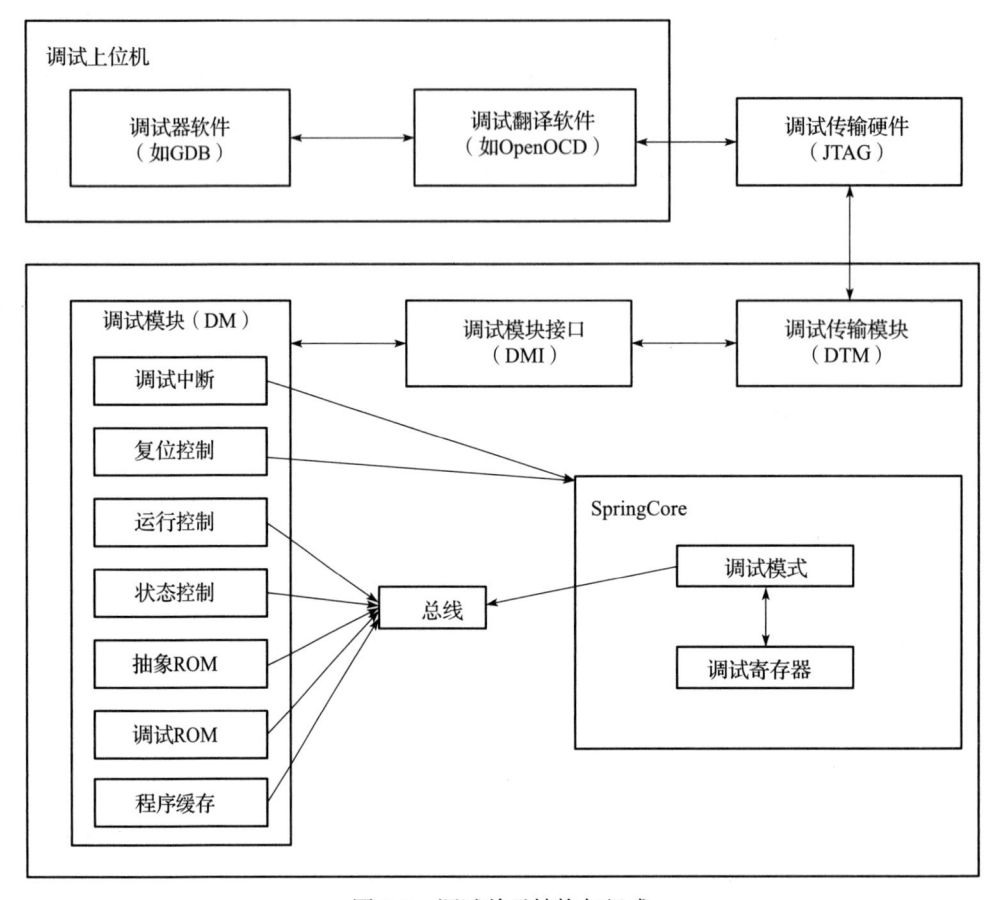

图 8-2 调试单元结构与组成

收集的工作。DM 是调试单元的核心部件。DM 的作用分为两个方面，作用一是调试控制与状态，即调试单元及内核的复位控制、内核的运行控制，以及内核的运行状态信息；作用二可通过抽象命令（abstract command）方式实现调试功能。此外，DM 还具有程序缓存（Program Buffer，PB），用于存储用户编写的调试代码。Program Buffer 是 RISC-V 调试规范中的可选项，可以为用户更灵活的调试需求提供支持。

SpringCore 内核为了支持调试功能，增加了相应的特性。在 RISC-V 指令集特权架构手册中定义了一系列用于支持调试的控制和状态寄存器（Control and Status Register，CSR），如表 8-3 所示。同时，在 RISC-V 指令集用户级 ISA 手册中增加 EBREAK、DRET 指令用于进入与退出调试环境。

表 8-3 调试模式 CSR 汇总

CSR	权限	描述
dcsr	调试模式下读写	调试控制和状态寄存器
dpc	调试模式下读写	调试 PC
dscratch0	调试模式下读写	调试暂存寄存器 0
dscratch1	调试模式下读写	调试暂存寄存器 1

接下来，本节将详细介绍调试单元的各个部件。

8.2.2 调试传输模块

如前文所述，调试传输模块 DTM 连接了调试传输硬件与调试模块，将 JTAG 协议的数据包转译为内部 DMI 请求，发送给调试模块。DTM 的功能分为 TAP 控制器实现、协议转换逻辑和 DMI 接口三个部分。

协议转换的逻辑主要涉及 dtmcs 与 dmi 两个寄存器，如表 8-4 和表 8-5 所示。dtmcs 是 DTM 的控制和状态寄存器，控制功能有 DTM 复位、DMI 错误状态清除，状态信息包括 DMI 扫描的状态，dmi 寄存器中 op 位域的值与 address 位域的长度。dmi 寄存器具有地址（address）、数据（data）、操作（op）三个位域，用于调试器访问 DMI。

表 8-4 dtmcs 各位域汇总

位域	描述	备注
dmihardreset [17]	此位置 1 硬复位 DTM，将其寄存器设至初值	仅用于调试器结束 DMI 无法终结的传输
dmireset [16]	此位置 1 清除 DMI 的错误状态	不会影响在传 DMI 的传输
idle [14:12]	关于 DMI 恢复至 Run-Test/Idle 状态的最小周期数的提示	调试器仍须检测 dmistat 位域，确认不是 busy
dmistat [11:10]	只读位域，表示上次 dmi 操作的状态	与 dmi 的 op 位域同步
abits [9:4]	dmi 寄存器 address 位域长度	SpringCore 预先置为 7
version [3:0]	RISC-V 调试规范版本	初始值 1 表示 0.13-release 与 1.0-stable

表 8-5 dmi 寄存器各位域汇总

位域	描述	备注
address [abits+ 33 : 34]	在 UPDATE_DR 状态，DMI 访问调试模块寄存器的地址	
data [33:2]	在 UPDATE_DR 状态，DMI 访问调试模块寄存器的数据	

（续）

位域	描述	备注
op [1:0]	0：前一次操作成功 1：保留位 2：前一次操作失败 3：前一次操作尚未完成	调试器读 op
	0：nop 1：读 address 位对应寄存器 2：写 address 位对应寄存器	调试器写 op

8.2.3 调试模块

DM 通过软硬件与 SpringCore 协同实现了调试控制与调试功能。DM 的内部包括四部分：控制与状态信息、抽象命令、只读程序存储区以及程序缓存。控制与状态信息包括复位控制、运行控制、调试中断等硬件控制的逻辑实现，以及标志着 SpringCore 内核运行、调试、抽象命令等状态信息的逻辑。抽象命令是调试器功能命令的硬件执行模块。只读程序存储区包括调试只读存储区程序缓存（Read Only Memory，ROM）与抽象 ROM（Abstract Read Only Memory，抽象命令程序只读存储区）等。DM 对内核的操作是利用 SpringCore 既有的流水线取指执行对应指令完成调试控制与功能，且相关指令较为固定，因此采用了只读存储区的方式存储相关代码。程序缓存是用户定义调试代码的存储区域，其地址位于 SpringCore 系统总线的寻址空间内，且 DTM 通过 DMI 接口可读写程序缓存。DM 的内部结构及外围接口如图 8-3 所示。

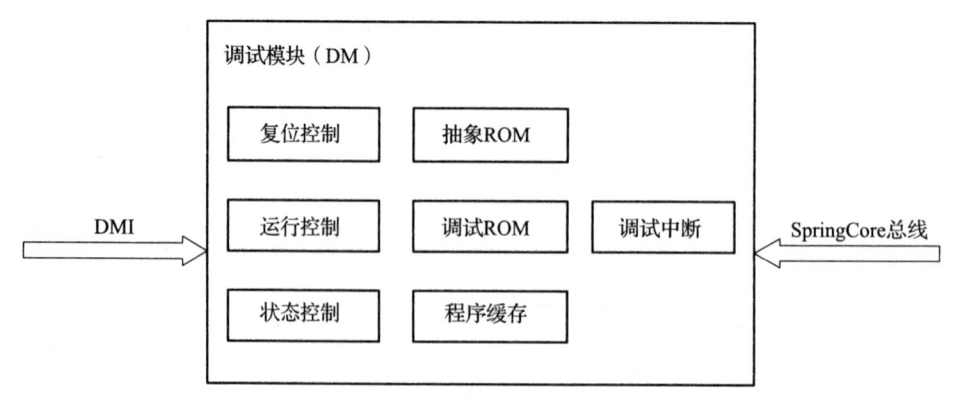

图 8-3 调试模块（DM）的内部结构与外围接口

1. 调试模块控制与状态信息

DTM 通过 DMI 接口读写 DM 内部的寄存器，从而实现对 DM 的控制。DM 的逻辑根据所写控制寄存器的特定位域生成对应的中断或复位信号，发送给 SpringCore 内核而完成对应功能。DM 分为复位控制与运行控制。复位控制分为复位后挂起（halt-on-reset）、硬件平台复位以及调试单元复位三种复位，复位控制的流程与方式将在 8.3.2 节中详细介绍。运行控制主要控制内核的选择、所选内核的挂起与继续功能。对 DM 中控制寄存器的对应位域进行写操作，DM 的逻辑将会生成调试中断，并发送到 SpringCore。内核响应中断后，运行调试 ROM 里的代码，完成相应的功能。

上位机可通过 DTM 模块读取 DM 中控制和状态寄存器的信息。在调试模式下，SpringCore 会与 DM 通过总线请求的方式进行握手，DM 的逻辑会根据与内核的握手情况生成对应的状态，并存放在各个控制和状态寄存器中。调试器在发送控制命令的前后都需要检查和确认内核的运行状态。

抽象命令（abstract command）是 DM 提供的核心功能。抽象命令可完成调试器指定的功能，例如调试器中的装载代码、访问寄存器、访问存储器等。抽象命令的硬件实现主要由命令寄存器、数据寄存器、抽象命令的控制和状态寄存器构成，抽象命令的软件代码由抽象 ROM 内的代码自动生成。

调试器对命令寄存器发起写请求后，将会触发调试中断。与运行控制类似，内核将与 DM 协作共同完成抽象命令的功能。抽象命令有三种命令类型，通过抽象命令的 cmdtype（命令类型）进行区分，在 DM 内部将会通过不同的方式对命令寄存器进行译码，如图 8-4 所示。寄存器类型的抽象命令用于访问内核的寄存器堆，访问包括通用寄存器（General Purpose Register，GPR）、浮点寄存器（Float Point Register，FPR）以及 CSR，访问的寄存器编号由 regno 位域指定。存储器类型的抽象命令用于访问内核存储空间，存储空间的地址将由参数传递给抽象命令，其中值得注意的是 aampostincrement 位域（第 19 位）指定了是否在访问完存储器后自增，aamsize（第 20～22 位）指定访问的单个存储单元长度，在指定该两位后，存储器类型的抽象命令将具备访问连续存储空间的功能。同时，程序缓存也是由抽象命令进行调用。抽象命令部分位域汇总如表 8-6 所示。

	31　　24 23　22　　20　　　19　　　　18　　17　　16　　15　　　　0
寄存器类型	cmdtype=0　0　aarsize　　　0　　postexec　transfer　write　　regno
快速访问	cmdtype=1　　　　　　　　　　　0
存储器类型	cmdtype=2　0　aamsize　aampostincrement　postexec　0　write　　0

图 8-4　三类抽象命令

表 8-6　抽象命令部分位域汇总

命令类型	位域	描述	备注
寄存器类 cmdtype=0	postexec	在执行完抽象命令后，执行一次程序缓存中的程序	
	write	1：指示传输方向为写，即 data0 到 reg 0：指示传输方向为读，即 reg 到 data0	transfer[17:17] 设定后才会真正传输
	regno	访问的寄存器的编号	dpc 寄存器用于当前 PC 的别名
存储器类 cmdtype=2	aampostincrement	将存放存储器地址的寄存器自增一个访问单元，单元长度由 aamsize 指定	32 位情况下，data1 寄存器将被用于存放访存地址
	aamsize	0：访问指定存储的低 8 位 1：访问指定存储的低 16 位 2：访问指定存储的低 32 位 …	

与高级语言中的函数类似，抽象命令可能携带参数与返回值。而数据寄存器承担着抽象命令的传参与接收返回值功能，表 8-7 为各数据寄存器的使用汇总。data0 通常作为第一个参数的发送寄存器与返回值的接收寄存器，data1、data2、data3 作为其他参数传入。数据寄存器的数量由实现的具体情况指定，SpringCore 的实现采用 4 个，而 RISC-V 调试规范中设定的上限为 12 个。

表 8-7　SpringCore 各数据寄存器的使用汇总

参数 0 / 返回值	参数 1	参数 2	参数 3
data0	data1	data2	data3

类似于控制和状态寄存器，抽象命令具有专用的控制和状态寄存器，其中存储着与抽象命令相关的标志位。在抽象命令运行过程中，SpringCore 内核会通过系统总线与 DM 进行握手，DM 的组合逻辑将通过二者之间的握手，设置相应的标志位。在抽象命令开始前后，调试器将会主动检查内核与抽象命令的状态，确保抽象指令的执行无误。

表 8-8 为调试功能涉及 DM 控制和状态寄存器的汇总。

表 8-8 DM 控制和状态寄存器及其位域汇总

寄存器名	地址	描述	位域
data0	0x04	存放抽象命令的 0 号参数与返回值	–
data1	0x05	存放抽象命令的 1 号参数	–
data2	0x06	存放抽象命令的 2 号参数	–
data3	0x07	存放抽象命令的 3 号参数	–
dmcontrol	0x10	对 DM 进行复位控制与运行控制：包括挂起/复位请求，内核的选择，系统内核/调试单元的复位等位域	haltreq（dmcontrol[31:31]）：内核的挂起请求 resumereq（dmcontrol[30:30]）：内核的继续执行请求 hartsel（dmcontrol[25:6]）：选定当前操作的内核 ndmreset（dmcontrol[1:1]）：系统与内核复位 dmactive（dmcontrol[0:0]）：调试单元复位与有效标志
dmstatus	0x11	用于标识当前调试单元、被调试内核的状态信息，包括所选内核的复位状态、运行信息，该状态信息由 DM 内部状态控制逻辑自动修改	allresumeack/anyresumeack（dmstatus[17:16]）：当前选定内核继续执行，已与调试单元握手 allhavereset/anyhavereset（dmstatus[16:15]）：当前选定内核是否已复位 allnonexistent/anynonexistent（dmstatus[15:14]） allunavail/anyunavail（dmstatus[13:12]）：当前选定内核是否存在、是否处于可用状态 allrunning/anyrunning（dmstatus[11:10]） allhalted/anyhalted（dmstatus[9:8]）：当前选定内核正在运行还是被挂起

（续）

寄存器名	地址	描述	位域
abstractcs	0x16	用于标识当前抽象命令的信息与状态，包括可供抽象命令使用的硬件资源数量（程序缓存与 data 寄存器），以及当前抽象命令的执行状态	progbufsize（abstractcs[28:24]）：程序缓存的大小 datacount（abstractcs[3:0]）：data 寄存器的个数 busy（abstractcs[12:12]）：抽象命令正在执行 cmderr（abstractcs[10:8]）：抽象命令执行失败，由该位标识错误类型
command	0x17	抽象命令寄存器，用于存放上位机下发的抽象命令，分为寄存器类型、存储器类型与快速访问	具体位域与抽象命令类型有关，具体如表 8-6 所示
abstractauto	0x18	用于开启抽象命令高效的突发访问功能的寄存器	autoexecprogbuf（abstractauto[31:16]）：当对程序缓存中的对应字有读写操作，command 寄存器内的抽象命令再次执行 autoexecdata（abstractauto[11:0]）：当对对应的 data 寄存器读写操作，command 寄存器内的抽象命令再次执行

2. 只读程序存储区

调试模块中存在两段只读的程序存储区，一段为调试程序只读存储区，另一段为抽象命令只读存储区。

调试程序只读存储区用于存放与调试模块控制流程和异常处理的软件流程，可视为调试中断的中断服务程序，负责 SpringCore 内核与 DM 控制功能与抽象命令的分发。上述提到为了设计的可复用性，调试模块的运行控制与抽象命令均能生成统一的调试中断，而这段调试中断的服务程序功能之一是区分中断的来源，并将 SpringCore 引导至对应分支执行相应功能。

抽象命令只读存储区是一系列指令构成的，当抽象命令的请求发起时，调试模块的逻辑会根据命令寄存器诸如 aampostincrement、postexec 等位域的要求利用抽象 ROM 中零散的指令生成程序指令序列，完成命令寄存器指定的功能。8.3.3 小节将会剖析抽象命令的实质，届时读者将会看到，抽象命令实际映射成的指令流中存在大多数可复用的机器代码，仅源寄存器、目的寄存器，或部分选项的区别。出于节省面积开销，以及抽象命令响应速度等方面考虑，在我们在设计抽象命令只读存储区域时，并未采用带有分支的完整代码形式。而是根据抽象命令，利用简单的逻辑与掩码即刻生成的抽象命令代码序列，以完成调试功能。

3. 程序缓存

程序缓存（program buffer）是一段调试器可写的程序段，允许调试器写入任意指令。在调试模式下，通过抽象命令入口，可使 SpringCore 执行该段程序。抽象命令机制中，调用程序缓存的方式有两种。一种是通过快速访问类型的抽象指令，快速访问指令自动生成跳转指令，使 SpringCore 跳转至程序缓存的入口地址处。另一种方式是将寄存器、存储器类型抽象命令的 postexec 位置 1，在完成抽象命令的功能后，调试模块相应逻辑将在抽象命令存储区的最后生成一条跳转指令使 SpringCore 跳转至程序缓存的入口地址处。

程序缓存允许用户自行编写调试代码，完成更复杂的调试功能。同时，也为调试翻译软件（例如 OpenOCD）部分功能实现提供新的方式，例如，除产生访存的抽象命令外，OpenOCD 可运用该机制进行访存，只需要在程序缓存中添加访存指令。

既然程序缓存能存储任意 SpringCore 可执行的命令，理论上而言，抽象命令实际映射的指令均可通过程序缓存实现，那么抽象命令存在的意义是什么？我们在设计之初对抽象命令和仅采用程序缓存下发命令的两种方案进行了评估。首先，仅使用程序缓存进行代码的存储具有节省面积和简化设计实现等优点。然而，在每次发起调试请求时，上位机需要往程序缓存中存入机器代码。受 JTAG 端口限制，每次上位机只能访问程序缓存的一个代码存储单元，若抽象命令最终映射的代码有多条，则需要多次的 DMI 写请求。对比抽象命令方式仅需要一次 DMI 写请求即可触发完成，只采用程序缓存的设计方案尽管节省了一点资源，但是在写入代码期间将会带来更大的开销与时延。其次，对于调试功能而言，用户使用到的最频繁的功能是读写寄存器、存储，且实现该功能涉及的机器指令相对固定。因此，抽象命令的设计理念是参照软件开发人员将常用代码提取成函数的方式，调试单元的设计人员将常用且固定的代码抽象成指令模板，减少了不必要的 JTAG 端口写入，减小上位机下发命令的时延，使得整个调试回环更加敏捷。另外，不同于 SpringCore 内核本身的指令存储空间，程序缓存的空间是相对有限的，程序缓存设计的初衷是将用户自编代码存入以达到更灵活的调试目的，如果在自编代码前加入高频代码，挤占原本可编程的代码空间，灵活性将会降低，违背了程序缓存设计的初衷。出于上述考虑，调试单元的设计者采取了抽象命令与程序缓存共存的实现方案。

8.2.4 核内调试支持

SpringCore 在实现上为了支持调试功能，增加了相应的设计。SpringCore 主要实现了调试模式与 4 个控制寄存器。调试模式是一种特殊的处理器模式，当外部的调试请求通过调试中断的方式发送给 SpringCore，它将停止执行正在运行的应用程序，并将当前执行到的 PC 值存入 dpc 寄存器，以备后续恢复。SpringCore 在调试模式下也可执行程序，即执行调试 ROM、抽象 ROM 以及程序缓存中存储的程序。

SpringCore 中 4 个调试专属寄存器如表 8-3 所示。其中，调试控制和状态寄存器（Debug Control and Status Register，DCSR）负责对调试过程中的流程进行控制，并对此过程中 SpringCore 的状态进行指示，表 8-9 为 DCSR 部分位域的汇总。控制类的位域如与单步调试相关的 step 与 stepie 选项，分别控制 SpringCore 是否进行单步调试工作，以及在单步调试下是否对中断请求进行屏蔽，单步调试功能实现示例将在 8.4.1 节详细介绍，信息类的位域例如 cause，记录了 SpringCore 进入调试模式的原因。dpc 用作正常执行模式与调试模式环境切换时暂存 PC 的寄存器，在调试模式下，该寄存器被用作为 PC 的别名。由于 SpringCore 在执行应用程序的正常模式与调试模式的运行环境有别，因此在进入调试模式前需要进行上下文的切换，dscratch0 与 dscratch1（调试暂存寄存器）的作用是用于暂存正常运行模式下的执行环境。例如，在 SpringCore 的调试模式实现中，通用寄存器 X8 被用作调试模块的基地址，故在调试模式下，X8 中正常执行模式下的值将会被存储在 dscratch0 中。

表 8-9　DCSR 部分位域汇总

位域	描述	备注
stepie （dcsr[11:11]）	在单步调试过程中是否屏蔽中断的指示	包括不可屏蔽中断（Non-Maskable Interrupt，NMI）
stopcount/stoptime （dcsr[10:9]）	进调试模式后是否停止计数器/计时器的指示	
cause （dcsr[8:6]）	进入调试模式的原因，例如 ebreak 指令、挂起请求、单步执行、halt-on-reset 等	

（续）

位域	描述	备注
step （dcsr[2:2]）	当不在调试模式中置此位，内核仅执行一条指令后进入调试模式	调试器在内核在运行时不能改变该位

8.3 调试处理机制

8.2 节详细地介绍了调试单元的硬件构成以及部分功能模块控制与功能的寄存器，本节将重点阐述如何利用 8.2 节提供的硬件实现调试各种机制。首先，本节将介绍调试机制的基本流程，后续的控制与功能机制是该基本流程的细化。然后，本节将从复位控制、运行控制以及抽象命令三种机制进行详细介绍。

8.3.1 调试流程

调试单元的一次访问是由上位机用户发起的。上位机运行调试器软件 GDB 和调试翻译软件 OpenOCD。用户通过上位机调试器与调试单元进行交互，调试器将用户输入的 GDB 命令发送给 OpenOCD。OpenOCD 的软件栈将 GDB 命令所需要完成的功能翻译转换为一系列对调试单元寄存器的读写请求，接着通过 JTAG 下发给调试单元。调试传输模块将 JTAG 协议的请求转换为调试单元内部的 DMI 请求，调试模块收到 DMI 请求后，将其区分为复位控制、运行控制以及抽象命令。

调试模块通过不同方式与 SpringCore 内核进行握手。复位控制是指对调试模块或除调试模块以外硬件平台的其他部件进行复位操作，当调试模块向 SpringCore 发起复位请求时，将在 SpringCore 的复位端口生成一个低电平，用于 SpringCore 的复位。运行控制与抽象命令请求被处理后，调试模块将产生调试中断，SpringCore 响应调试中断跳转至调试 ROM 的入口，执行握手及对应的功能代码。

与数据由上位机下发至调试单元的路径相反，返回值由 SpringCore 从寄存器堆或存储器中读出，并放在返回值专用的 data0 寄存器中。OpenOCD 在读到控制和状态寄存器中标志抽象命令执行结束的状态信号后，将发送读 data0 的请求。该返回值将经由 DMI 到调试传输模块后转译成 JTAG 协议包返还给上位机，用户即可通过 GDB 交互调试窗口获得该值。

图 8-5 展示了调试单元的工作流程。

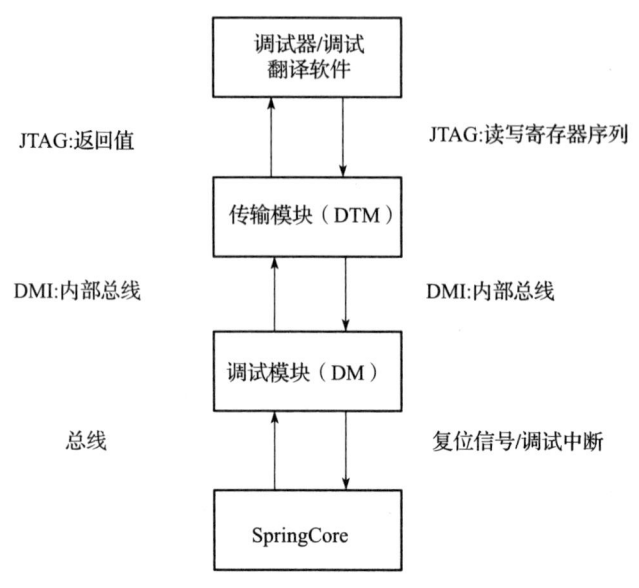

```
        ┌──────────────┐
        │ 调试器/调试   │
        │ 翻译软件      │
        └──────────────┘
JTAG:返回值 ↑    ↓ JTAG:读写寄存器序列
        ┌──────────────┐
        │ 传输模块(DTM) │
        └──────────────┘
DMI:内部总线 ↑    ↓ DMI:内部总线
        ┌──────────────┐
        │ 调试模块(DM)  │
        └──────────────┘
   总线 ↑    ↓ 复位信号/调试中断
        ┌──────────────┐
        │  SpringCore  │
        └──────────────┘
```

图 8-5　调试单元工作流程示意图

8.3.2　复位控制与运行控制

SpringCore 调试单元的复位控制分为两种：用于硬件平台的复位信号与用于调试单元专用的复位信号，两种复位的控制都是通过将 DM 的控制和状态寄存器对应控制位先置位后清除操作来完成请求的。前者对除调试单元（调试传输模块，调试模块接口与调试模块）以外的所有部分进行复位，包括内核。而后者主要针对调试单元自身状态与寄存器的复位。将调试单元自身的复位与硬件系统其他复位区别开的原因主要出于安全性的考量，复位的效果是状态与寄存器将会被恢复成初始值，而系统其他部件的命令将由调试单元下发，如果在此过程中同时复位调试单元，将会有错误的可能。为避免不必要的错误，我们将二者复位区别开，并且配合上位机的 OpenOCD 软件的命令流程，先进行调试单元的复位，接着通过调试单元复位其他部分。当复位完成以后，控制和状态寄存器里的相应位将会发生改变。

复位过程可以持续任意长时间，复位过程中，SpringCore 处于不可用状态。复位结束以后，SpringCore 开始正常取指执行应用程序代码，即处于运行状态。但理论而言，调试机制应该保证从程序的第一条指令开始就可进入调试。为了实现上述功能，

SpringCore 使用了 halt-on-reset 的方式保证这一机制。调试器通过写控制寄存器发起 halt-on-reset 请求，DM 的逻辑将会通过专用的端口与 SpringCore 进行交互，保证复位结束后，SpringCore 在第一个程序前被挂起。

运行控制是获取、释放 SpringCore 执行权限的核心机制。运行控制包含内核的选择，挂起与继续执行。第一，内核的选择：调试单元需要指定作用的内核，这主要是依据控制寄存器中的内核选择位域进行的。第二，内核的挂起：当调试器向 DM 发起挂起请求时，调试模块将会生成调试中断发送给 SpringCore，SpringCore 响应该中断，跳转至调试 ROM 的入口地址。调试 ROM 中的程序会进行现场保护，之后内核跳转到调试 ROM 中执行挂起操作的程序分支上，该分支的结尾包含 EBREAK 指令，执行 EBREAK 指令后内核会挂起。第三，内核的继续执行：与上述的挂起请求的流程类似，当调试器向调试模块发起继续执行请求时，调试模块将会生成调试中断发送给 SpringCore。SpringCore 响应该中断后跳转至调试 ROM 的入口地址。SpringCore 将跳转到调试 ROM 中使内核继续执行功能的程序分支上。继续执行分支上具有恢复现场的指令，并以 DRET 指令结尾。当执行完 DRET 指令后，PC 会被恢复为 dpc 寄存器中的值，SpringCore 将会恢复到原有程序的执行环境中。

复位控制与运行控制状态转换情况如图 8-6 所示。

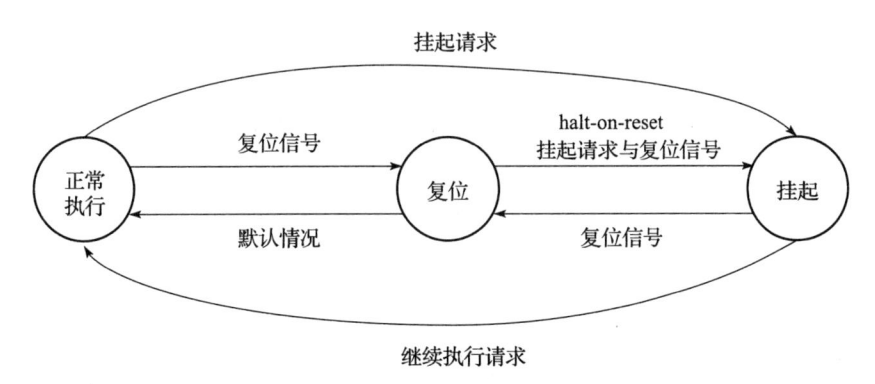

图 8-6 复位控制与运行控制状态转换示意图

8.3.3 抽象命令

8.2.3 节介绍了抽象命令的软硬件实现基础，本节讨论抽象命令的实现机制。抽象命令可被类比为 C 语言中的函数，其本质是对 GDB 命令翻译成的 RISC-V 指令序列进行封装。打开抽象命令的黑盒，读寄存器的抽象命令在抽象 ROM 中被映射为一条 STORE 指令，将 SpringCore 运行环境中的寄存器存入 DM 的存储空间（data0[⊖]）内，可被上位机通过 DMI 直接读取。与之类似，写寄存器的抽象命令在抽象命令程序只读存储区中被映射为一条 LOAD 指令。读写存储的抽象命令稍有不同，但原理类似。访问存储的抽象命令被映射成为一条 LOAD 指令与一条 STORE 指令，读存储的抽象命令先将存储器指定地址的值通过 LOAD 读入 SpringCore 的通用寄存器内，后通过 STORE 将该值存入 DM 的存储空间（data0）内，可被上位机通过 DMI 直接读取。与之相反，写存储器的抽象命令先将 DM 存储空间内的参数（data0）通过 LOAD 指令读入 SpringCore 的通用寄存器内，后通过 STORE 将该值存入存储器指定地址内。

抽象命令的执行过程由具有四个状态的状态机控制，这四个状态分别为空闲、检查、命令与执行，抽象命令各状态之间的转换如图 8-7 所示。命令寄存器是抽象命令的载体，也是触发抽象命令的"开关"。当调试器写命令寄存器，DM 将开始抽象命令流程，具体如下：

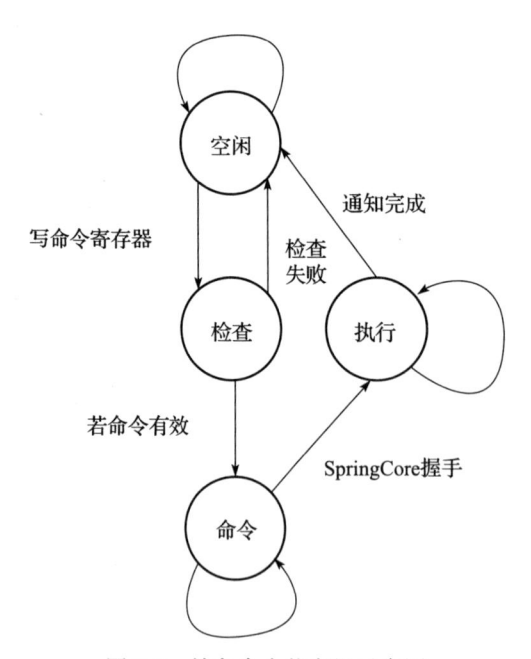

图 8-7 抽象命令状态机示意图

⊖ data0 对于内核而言，其映射到全局地址空间。

1）首先，DM 将对抽象命令格式进行检查，若检查通过，则进入命令状态，否则将回到空闲状态。

2）之后，DM 生成调试中断发送给 SpringCore，SpringCore 响应该中断，跳转至调试程序只读存储区的入口地址。程序根据状态信息，将会跳转至抽象命令分支。

3）在抽象命令分支，SpringCore 会通过总线向 DM 发送握手信号，而后将跳转至抽象 ROM，该程序存储区预先生成好了抽象命令的执行代码。DM 在命令状态下收到握手信号后，抽象命令状态将转移至执行状态。

4）当抽象命令只读存储区中的程序执行完后，SpringCore 将会跳转回调试 ROM。调试 ROM 中的指令将会通过总线通知 DM，表示抽象命令执行完毕，DM 的相应状态位会发生改变，最后会通过 EBREAK 指令重新挂起，而抽象命令状态回到空闲状态。

值得注意的是，SpringCore 实现还增加了抽象命令自执行机制，该机制是一种高效的连续访问。通过向 autoexecdata（数据寄存器触发自动执行）寄存器中写入相应编号，一旦对应的数据寄存器发起读写操作，当前在命令寄存器内的抽象命令将会被自动重新执行。该机制配合存储类型的抽象命令的 aampostincrement 位域，将可以实现连续存储空间的访问功能，该功能将在 8.4.2 节以示例的形式展示给读者。

8.4 调试功能实现示例

本节将通过两个示例展示调试功能在调试单元的控制与抽象命令机制的配合下，共同完成用户所需求的功能。第一个示例展示了单步调试，在 GDB 中对应的命令为 NEXTI，第二个示例展示了使用抽象命令方式与自执行机制访问存储器。

8.4.1 单步调试

单步调试是调试模式下最常用的功能之一。首先，调试器通过寄存器类型的抽象命令将 dcsr 寄存器中 step 位域置 1。在 step 位域置位后，调试器向调试单元发起继续执行的请求。SpringCore 在执行一条指令后，再次进入调试模式，将内核挂起。在执行该条命令的时候，SpringCore 是否响应中断由 dcsr 的 stepie 所决定。表 8-10 为单步执行的操作序列。

表 8-10 单步执行的操作序列

操作	被操作的寄存器	数值	注释
写	data0	step=1	预先将需要置位的值放入 data0 寄存器，以备传参
写	命令寄存器	transfer=1，write=1，regno=0x7b0	发起写 dcsr 寄存器的抽象命令，值为 data0
写	DM 控制寄存器	resumereq=1，dmactive=1	发起继续执行请求
写	DM 控制寄存器	resumereq=0，dmactive=1	继续执行后，清除继续执行请求

8.4.2 访问连续存储区域

本例使用抽象命令方式写存储器中的连续区域，该例可被用于装载 ELF 程序，即 GDB 中的 LOAD（装载）命令。写存储的抽象命令需要两个参数，一为写入存储的地址，二为写入存储的数据。首先，在 data1 中存入待写存储区的首地址，data0 中存放待写入的内容。向命令寄存器中写入 32 位的写存储自增抽象命令，由于命令寄存器 aampostincrement 位域置 1，在执行完该命令后 data1 的值自动加 4（由 aamsize 指定），换言之，地址变为下一个存储单元。此时，将 autoexecdata 寄存器中写入代表 data0 的编号 1，意味着接下来访问 data0 寄存器将会使上述 command 命令重新执行一次。然后，调试器将新存储单元中待写入的值放入 data0 寄存器中以备传参，命令寄存器内的命令重新执行，新的存储单元被写入值。重复写入 data0，直至待写的存储单元被填满。表 8-11 为使用抽象命令写存储区连续区域的操作序列。

表 8-11 使用抽象命令写存储区连续区域的操作序列

操作	被操作的寄存器	数值	注释
写	data1	待存储区的首地址	预先将待写地址放入 data1 寄存器，以备传参
写	data0	待入存储的内容	预先将待写内容放入 data0 寄存器，以备传参
写	命令寄存器	cmderr=2，aamsize=2，write=1，aampostincrement=1	32 位写存储的抽象命令，执行完后 data1 中的地址自增 4（32 位为 4 字节）
写	autoexecdata	1	当 data0 被访问后，重新执行上述抽象命令
写	data0	新存储单元待写入的内容	重新执行抽象命令
写	data0	新存储单元待写入的内容	重新执行抽象命令
…	…	…	
写	data0	新存储单元的内容	重新执行抽象命令
写	autoexecdata	0	关闭自执行机制

8.5 本章小结

本章介绍了 SpringCore 调试单元的设计。首先，本章介绍了调试单元与上位机交互的接口 JTAG 及 TAP 控制器。其次，介绍了调试单元中各个模块的功能与作用，以及内核针对调试功能所增加的支持。再次，本章从调试流程、复位控制与运行控制、抽象命令等方面介绍了调试单元如何利用各模块完成调试功能。最后，本章采用单步调试、访问连续存储单元的两个示例展示调试功能在调试单元的控制与抽象命令机制的配合下，共同完成用户所需求的功能。通过本章详细介绍，读者对于调试系统的完整链路将有较为清晰的认知。

CHAPTER 9

第 9 章

软件开发环境

本章将介绍 SpringCore 软件开发环境的设计,包含编译器、汇编器、反汇编器、链接器、模拟器、调试器,以及集成开发环境(Integrated Development Environment,IDE)。在编译器部分,将介绍编译器 LLVM 的工作流程,编译器和反汇编器的实现,以及链接器的相关技术。在模拟器部分,将介绍 gem5 的构成和 SpringCore 模拟器设计。在调试器部分,将介绍基于 OpenOCD 技术的 SpringCore 调试器实现。在集成开发环境部分,将介绍 Eclipse 框架和插件开发等相关技术,以及在 Eclipse 中集成编译链、模拟器、调试器的方法。

9.1 编译器

本节主要介绍 LLVM 的执行流程,即如何将高级编程语言逐步转换成目标机器指令,同时也将介绍 LLVM 中重要的数据结构有向无环图(Directed Acyclic Graph,DAG)的相关知识。LLVM 是一个开源的编译器基础设施,提供了一组模块化的编译器工具和库,如汇编器、链接器、调试器等,这些可用于构建高性能、高度优化的完整编译器工具链。LLVM 的主要目标是提供一个灵活、可扩展、可重用的编译器框架,同时保持高度优化的代码生成能力。

LLVM 的优点包括:

- 高度优化的代码生成能力，可以生成高效、高性能的目标代码。
- 灵活的架构，可以轻松地扩展和定制编译器，支持多种编程语言。
- 可重用的库和工具，可以用于构建完整的编译器工具链。
- 跨平台和可移植性强，支持多种操作系统和硬件平台。
- 易于使用和学习，提供了丰富的文档和示例代码。

SpringCore 基于 LLVM 15.0 版展开。

9.1.1 LLVM 的工作流程

如图 9-1 所示，LLVM 的工作流程可以分为三个主要阶段：前端、优化和后端。其中，前端阶段通过词法分析、语法分析、语义分析等操作生成中间代码，优化阶段针对中间代码做与后端无关的优化，后端阶段将中间代码转换成特定架构的指令。下面将详细介绍每个阶段的工作内容。

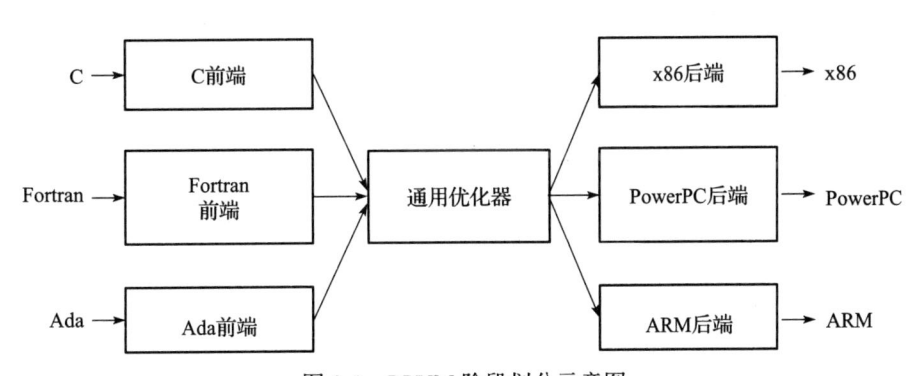

图 9-1 LLVM 阶段划分示意图

1. 前端

前端（frontend）是 LLVM 编译过程的第一个阶段，它主要负责将源代码翻译为 LLVM 内部表示形式（Intermediate Representation，IR，中间表示）。通俗地讲，前端负责把各种类型的源代码编译为中间表示，在 LLVM 架构中，不同编程语言有不同的编译器前端，常见的如 clang 负责编译 C/C++ 代码，flang 负责编译 Fortran 代码，swiftc 负责编译 Swift 代码等。前端处理过程包括以下几个步骤。

（1）词法分析

词法分析（lexical analysis）将源代码拆分成一个个的标记（token），例如变量名、关键字、操作符等。每个标记都具有特定的含义。

（2）语法分析

语法分析（syntax analysis）将标记转换为抽象语法树（Abstract Syntax Tree，AST），它表示源代码的语法结构。语法分析检查代码是否符合语法规则。

（3）语义分析

语义分析（semantic analysis）对抽象语法树进行检查，确保代码的语义正确性。它包括类型检查、符号表管理等步骤。

（4）中间表示

中间表示（IR）阶段将经过语义分析的代码转换为 LLVM 的中间表示，它是一种类似于抽象汇编语言的中间代码表示形式。

2. 优化

优化（optimization）是 LLVM 编译过程的第二个阶段，它对生成的中间表示进行各种优化，比如将中间表示进行一些逻辑等价的转换，使得代码的执行效率更高，代码量更小。

优化阶段包括以下几个步骤。

（1）通用优化

通用优化（common optimization）是一些常见的优化技术，如常量折叠、复制传播、死代码消除等。这些优化技术可以改善代码的执行效率。

（2）数据流分析

数据流分析（dataflow analysis）是一种静态分析技术，它通过分析程序中数据的流动来获取有关程序行为的信息。数据流分析用于识别代码中的优化机会。

（3）依赖分析

依赖分析（dependency analysis）用于确定代码中的依赖关系，以便进行进一步的优化。它可以识别出可以并行执行的代码块，以提高程序的并发性。

（4）控制流优化

控制流优化（control flow optimization）通过改变代码的控制流程，减少分支和跳转操作的数量，从而提高代码的执行效率。

3. 后端

后端（backend）是 LLVM 编译过程的最后一个阶段，它将优化后的中间表示代码转换为目标平台的机器代码。后端包括以下几个步骤。

（1）目标平台描述

目标平台描述（target description）定义了目标平台的特性和限制，例如支持的指令集、寄存器等。LLVM 使用目标平台描述来生成适应不同平台的机器代码。

（2）代码生成

代码生成（code generation）阶段将优化后的中间表示代码转换为目标平台的机器代码。它包括指令选择、寄存器分配、指令调度等步骤。

（3）机器代码优化

机器代码优化（machine code optimization）对生成的机器代码进行进一步的优化，以提高代码的执行效率和性能。

LLVM 后端的处理流程主要是指将 LLVM 中间表示（IR）转换为目标平台的机器代码的过程。这个过程包括多个阶段，其中包括指令选择、寄存器分配、指令调度和代码生成。下面将详细介绍 LLVM 后端的处理流程，并结合图片进行说明。

9.1.2　LLVM 后端的处理流程

LLVM 后端的主要功能是代码生成，LLVM 中间表示通过多个分析转换步骤转换成特定目标架构的机器码。LLVM 后端具有流水线结构，如图 9-2 所示。指令经过各个阶段，表示形式发生如下顺序的转换，LLVM 中间表示，指令选择有向无环图（SelectionDAG），机器指令有向无环图（MachineDAG），机器指令（MachineInstr），机器码指令（MCInstr）。有向无环图（Directed Acyclic Graph，DAG）的相关介绍，请参考 9.1.3 节。后端的处理过程主要包括指令选择（instruction selection）、寄存器分配（register allocation）、指令调度（instruction scheduling）以及代码发射（code emission）。下面详细介绍各处理过程。

```
┌─────────┐
│ LLVM IR │──────────────────────────────────┐                    ┌──────────┐
└─────────┘                                   │             ┌────→│ 寄存器分配 │
                ↓                              │             │     └──────────┘
         ┌──────────────┐                     │             │           ↓
         │SelectionDAGBuild│                  │             │     ┌──────────────┐
         └──────────────┘                     │             │     │Post RA Scheduling│
                ↓                              │             │     └──────────────┘
         ┌──────────────┐                     │             │           ↓
         │ SelectionDAG │                     │             │     ┌──────────┐
         └──────────────┘                     │             │     │ 代码发射  │
                ↓                              │             │     └──────────┘
         ┌──────────┐                                        │           ↓
         │  合法化   │                                        │     ┌──────────┐
         └──────────┘                                        │     │ MCInstr  │
                ↓                                                   └──────────┘
         ┌──────────┐                                                     ↓
         │ 指令选择  │                                              ┌──────────────┐
         └──────────┘                                              │EmitToStreamer│
                ↓                                                   └──────────────┘
         ┌──────────┐                                                ↓         ↓
         │MachineDAG│                                          ┌────────┐ ┌──────┐
         └──────────┘                                          │ 二进制  │ │ 汇编 │
                ↓                                              └────────┘ └──────┘
         ┌──────────────┐
         │Pre RA Scheduling│
         └──────────────┘
                ↓
         ┌──────────────┐
         │ MachineInstr │
         └──────────────┘
```

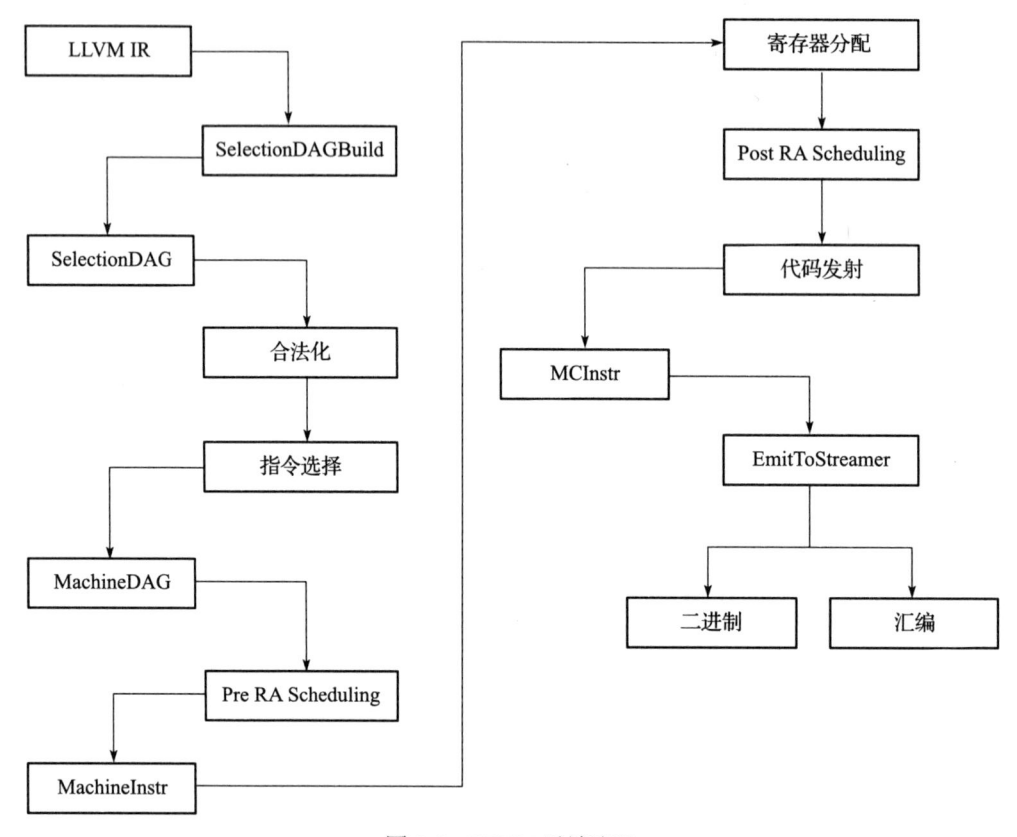

图 9-2 LLVM 后端流程

1. 构建用于指令选择的有向无环图

指令选择用有向无环图构建器遍历 LLVM IR 中每个函数的每个基本块,将其中的每条指令转成 SDNode 内存表示,经过此操作后,每个基本块转成指令选择用有向无环图数据结构。有向无环图中每个节点的内容仍是 LLVM 中间表示。

2. 指令和数据类型合法化

对指令选择用有向无环图 DAG 进行合法化(legalization)和其他优化操作,将目标机器不支持的数据类型和操作(IR 指令)下降(lowering)为目标机器支持的数据类型和指令。

3. 指令选择

对目标机器支持的数据类型和操作进行指令选择,DAG 节点被映射到目标指令。此时 DAG 中的 LLVM IR 节点已经转换成目标架构节点，即 LLVM IR 指令转换成机器指令，所以此时的 DAG 又称为机器指令有向无环图。

4. 寄存器分配前的指令调度

机器指令有向无环图中的指令已经是机器指令，可以用于执行基本块中的运算。但是目标机器不能识别 DAG 并执行其中的指令，因此需要将机器指令有向无环图转为线性指令，即确定基本块中指令的执行顺序。指令调度分为寄存器分配前的指令调度和寄存器分配后的指令调度。寄存器分配前的指令调度器作用于机器指令有向无环图，发射线性序列指令。该阶段的指令调度主要考虑指令级的平行性。经过寄存器分配前的指令调度后，指令转换成了 MachineInstr 三地址表示。寄存器分配前的指令调度器有三种类型：列表调度算法、快速算法、超长指令字，它们可以通过编译参数指定。

5. 寄存器分配

LLVM IR 中使用的寄存器均为虚拟寄存器，寄存器分配阶段，结合物理寄存器的数量和生命周期，将虚拟寄存器替换成物理寄存器。寄存器分配算法有 4 种：基本寄存器分配器、快速寄存器分配器、基于图着色理论的无回溯寄存器分配器、贪婪寄存器分配器。

6. 寄存器分配后的指令调度

因为物理寄存器的数量有限，所以会通过寄存器复用方式减少寄存器分配压力，但是寄存器复用会产生新的数据冒险（data hazard），因此寄存器分配后的指令调度会对指令顺序再次进行调整，避免数据冒险。寄存器分配后的指令调度作用于机器指令（MachineInstr）。

7. 代码发射

代码发射阶段将机器指令转成 MCInstr，MCInstr 是更贴近机器指令的数据结构，MCInstr 可以被发射生成汇编代码或二进制代码。具体转换请参考 9.2 节汇编器和反汇编器。

从上面的 LLVM 工作流程可以看出，前端和中端优化是共通的，只需要为新的硬件平台编写一个后端，即可生成目标平台的机器码。

9.1.3 有向无环图

有向无环图（Directed Acyclic Graph，DAG）是一种特殊的图。它由顶点和有向边组成，其中每条边都有一个方向，并且不存在循环。在 DAG 中，每个顶点都可以被视为一个操作或任务，而有向边则表示这些操作或任务之间的依赖关系。图 9-3 是一个简单的 DAG 示例。

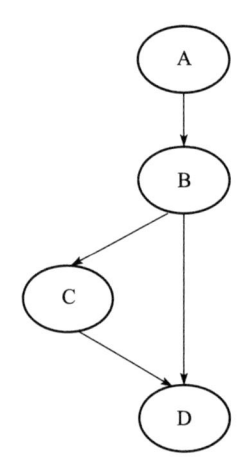

图 9-3　DAG 示例

在这个 DAG 中，顶点 A 依赖于节点 B，顶点 B 依赖于顶点 C 和顶点 D，顶点 C 依赖于顶点 D，而顶点 D 没有任何依赖，因此可以从节点 D 开始执行。

LLVM 的 DAG 是一种数据流图，用于表示编译器在优化代码时所进行的转换操作。DAG 为编译器提供了一个通用中间表示，以便它可以对代码进行高效的分析和优化。在 LLVM 的 DAG 中，顶点表示指令，边表示数据依赖关系。每个指令都是由操作码和操作数组成的，操作数可以是变量、常量或其他指令。DAG 还包含约束条件，这些约束条件用于描述指令之间的限制条件，例如，某些指令必须按照特定的顺序执行。

LLVM 的 DAG 可用于进行几乎所有类型的转换操作，例如：指令选择、调度、寄存器分配、流水线优化等。通过使用 DAG 和相关的算法和工具，编译器可以找到并利用代码中的各种优化机会，从而生成更高效的目标代码。

1. DAG 可视化

LLVM 可以借助第三方软件 graphviz 实现 DAG 的可视化，具体方法如下：

CentOS 操作系统：

```
# 查看已安装 graphviz 包
yum list 'graphviz*'
# 安装 graphviz
yum install 'graphviz*'
```

Debian 操作系统：

```
sudo apt-get install graphviz
```

运行如下命令生成 DAG 可视化图片：

```
# 1. 生成 .ll 文件
clang --target=riscv32-unknown-elf -march=rv32im -emit-LLVM -c riscv32-
    lsl64i.c -o lsl64i.ll
# 2. 生成 .dot 文件，存储路径：/tmp/dag.lsl64i-de818c.dot
llc -view-dag-combine1-dags lsl64i.ll
# 3. 生成 png 图片
$dot /tmp/dag.lsl64i-de818c.dot  -Tpng -o lsl64idag.png
# 4. 查看图片
$xdg-open lsl64idag.png
```

2. DAG 说明

生成 DAG 如图 9-4 所示，其中：

❑ **细箭头**表示数据流依赖。数据流依赖表示当前节点依赖前一节点的结果。
❑ **虚线箭头**表示非数据流链依赖。链依赖防止副作用节点，确定两个不相关指令的顺序。比如，LOAD 和 STORE 指令如果访问相同的内存位置，就必须和它们在原程序中的顺序保持一致。从图 9-4 中的虚线箭头可知，CopyToReg 操作必须在 RISCVISD::RET_FLAG 之前发生，因为它们之间是链依赖。
❑ **粗箭头**表示粘合（glue）依赖。粘合依赖用于防止两个指令在指令调度时分开，即它们中间不能插入其他指令。

3. DAG 的文本表示

下面以图 9-5 为例，简单讲解 DAG 的文本表示。

dag-combine 1 input for sum:entry

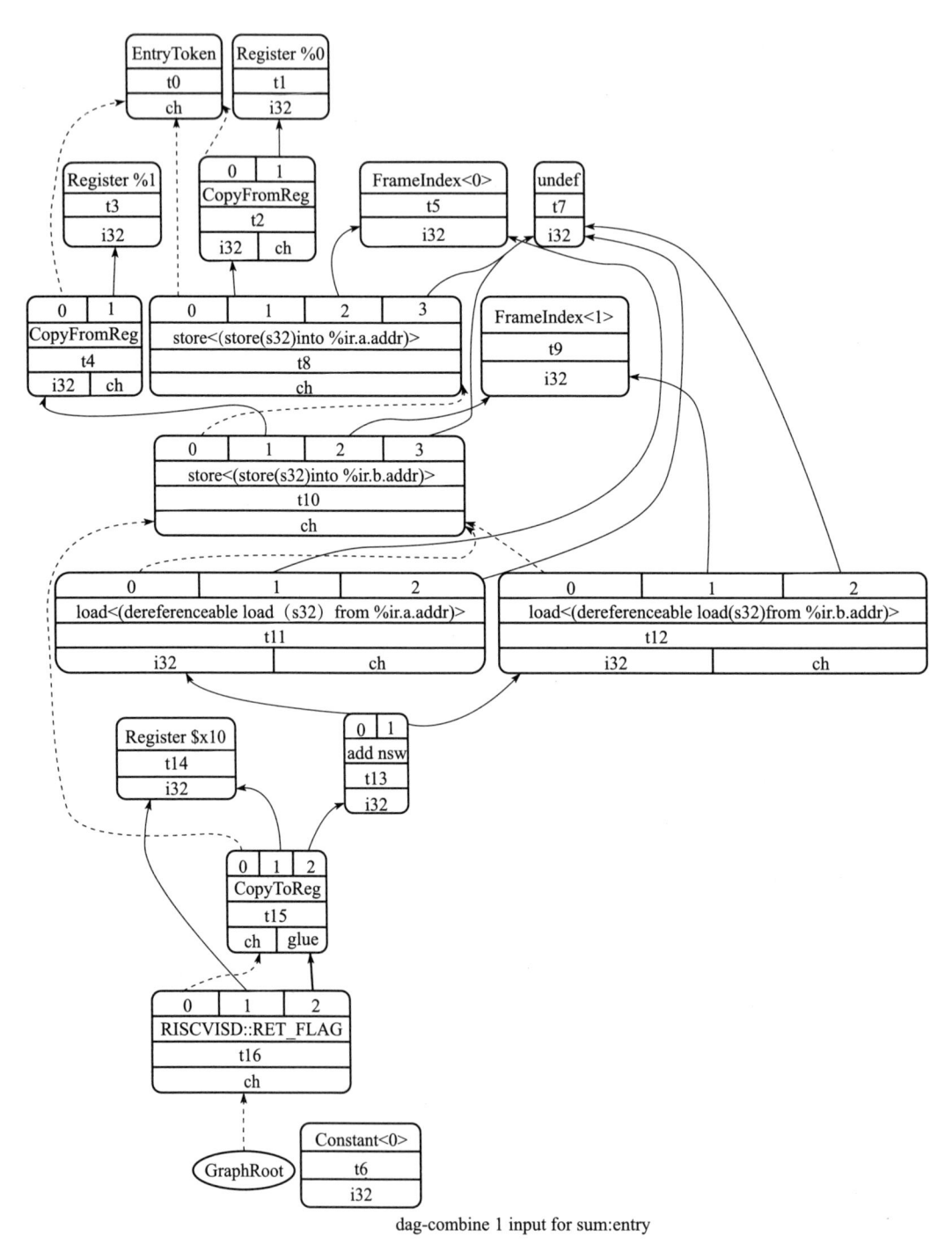

图 9-4　DAG 示例

```
Initial selection DAG:%bb.0 'sum;'
SelectionDAG  has 12 nodes:
    t0:ch=EntryToken
            t2:i32,ch=CopyFromReg t0,Register:i32 %0
          t5:i16=truncate t2
            t4:i32,ch=CopyFromReg t0,Register:i32 %1
          t6:i16=truncate t4
        t7:i16=add t5,t6
      t8:i32=any_extend t7
    t10:ch,glue=CopyToReg t0,Register:i32 $v0,t8
    t11:ch=MipsISD::Ret t10,Register:i32 $v0,t10:1
```

图 9-5　DAG 的文本表示示例

节点的格式：

节点名：<输出操作数数据类型列表> = OpCode <输入操作数列表>

展开效果如下：

```
NodeName: retValType[,retValType] = OpCode inputParam[,inputParam]
```

- NodeName：节点名。
- retValType：返回值类型。
- =：分隔符，左边是输出操作数信息，右边是输入操作数信息。
- OpCode：操作码。
- inputParam：输入操作数。

以 t2 节点为例：

```
t2: i32,ch = CopyFromReg t0, Register:i32 %0
```

节点名称为 t2，该节点有两个输出操作数，操作数索引从 0 开始计数，第 0 个是 i32 数据类型，第 1 个是 ch（流程依赖用）。操作码为 CopyFromReg，输入操作数有 t0 节点和 %0 寄存器。如果依赖的目标节点有多个输出操作数，要表示对其中某个输出操作数的引用，可以使用 NodeName：Index 格式。例如 t2 有 i32 和 ch 两个输出操作数，使用 t2：0 表示对第 0 个操作数的引用，可以简写成 t2。

9.1.4 指令合法化

合法化的目的是因为 LLVM IR 中的指令操作数类型和操作不一定能被目标平台支持，SDNode 的合法化涉及类型和操作的合法化。

1. 操作合法化

目标平台一般不可能支持 IR 中的所有数据类型和操作，例如：x86 上没有条件赋值指令，PowerPC 也不支持从一个在 16 位的内存上以符号扩展的方式读取整数。因此，合法化阶段要将这些不支持的指令按以下几种方式转换成目标平台支持的操作：

- 扩展（expansion），用一组操作来模拟一条操作。
- 提升（promotion），将数据转换成更大的类型来支持操作。

目标平台相关的信息通过 TargetLowering 接口传递给 SelectionDAG。目标机器会实现这个接口来描述如何将 LLVM IR 指令用合法的 SelectionDAG 操作实现。RISC-V 目标平台在 RISCVTargetLowering::RISCVTargetLowering 函数中，定义对各种数据类型和操作的支持情况。在合法化后，目标平台相关的合并方法会识别一组节点组合的模式，并决定是否合并某些节点组合来提高指令选择质量。

2. 类型合法化

类型合法化保证后续的指令选择只需要处理合法数据类型。合法数据类型是目标平台原生支持的数据类型，在目标平台的 td 文件中会定义每一种数据类型关联的寄存器类。例如，在如下 llvm/lib/Target/RISCV/RISCVRegisterInfo.td 文件中，定义了一组 32 个从 F0～F31 单精度浮点类型的寄存器。

```
def FPR32 : RegisterClass<"RISCV", [f32], 32, (add
    (sequence "F%u_F", 0, 7),
    (sequence "F%u_F", 10, 17),
    (sequence "F%u_F", 28, 31),
    (sequence "F%u_F", 8, 9),
    (sequence "F%u_F", 18, 27)
)>;
```

在寄存器类中定义的先后顺序也是寄存器分配时候的优先使用顺序，即定义越靠前，寄存器分配时越优先分配。如果数据类型没有和寄存器类进行关联，对目标平台而言，该数据类型就是非法数据类型。非法的类型必须被删除或做相应处理。根据非法数据类型不同，处理方式分为以下两种情况。

第一种，标量。标量可以被提升或者扩展，其中提升是将较小的类型转成较大的类型，比如平台只支持 i32，那么 i1/i8/i16 都要提升到 i32；扩展是将较大的类型拆分成多个小的类型，如果目标只支持 i32，i64 操作数则是非法数据类型，类型合法化通过整数扩展将一个 i64 操作数分解成 2 个 i32 操作数，并产生相应的节点。

第二种，矢量。LLVM IR 中有目标平台无法支持的矢量，LLVM 也会有两种转换方案，第一种方案是加宽，即将大矢量拆分成多个可以被平台支持的小矢量，不足一个矢量的部分补齐成一个矢量；第二种方案是标量化，即在不支持 SIMD 指令的平台上，将矢量拆成多个标量进行运算。

DAG 组合处理是将一组节点用更简单结构的节点代替。比如一组节点表示"(add (Register X), (constant 0))"将寄存器 X 中的值和常数 0 相加，因为和常数 0 相加不会产生新值，所以可以简化成 (Register X)。

通过 setTargetDAGCombine 函数可以指定哪些节点可以被组合，例如：

```
setTargetDAGCombine({ISD::INTRINSIC_WO_CHAIN, ISD::ADD, ISD::SUB, ISD::AND,
                     ISD::OR, ISD::XOR});
```

在合法化之后执行组合处理，可以使指令选择用有向无环图中的冗余节点最少。

9.1.5 调用下降

调用下降（call lowering）是指将调用函数的指令转换为目标架构指令的过程。这个过程涉及将 LLVM IR 中的函数调用表示方式转换为目标架构的代码表示，以便在目标硬件上执行。调用下降的步骤包括：

1）函数调用分析：编译器首先分析源代码中的函数调用，了解调用的函数、传递给函数的参数以及函数的返回类型等信息。

2）调用约定：在很多编程语言中，存在不同的调用约定，这些约定规定了函数调用时参数的传递方式、寄存器的使用约定等。调用下降需要遵循目标平台的调用约定来生成有效的目标代码。

3）参数传递：将高级语言中的参数传递方式转换为目标平台的方式。这可能涉及将参数放置在寄存器中、堆栈中或者通过其他机制传递。

4）函数调用指令生成：生成目标平台上执行函数调用的指令。这可能包括将控制权转移到函数的入口点、保存返回地址和当前堆栈指针等操作。

5）返回值处理：将函数的返回值从目标平台的寄存器或堆栈中取出，并将它传递给调用方。

通过进行这些步骤，调用下降确保了在不同目标平台上，以及不同调用约定下，函数调用能够被正确地映射为目标代码。这有助于提高编译器的可移植性，使得生成的目标代码能够在各种硬件架构上正确运行。

9.2 汇编器和反汇编器

本节将介绍汇编器和反汇编器的功能和执行过程，以及汇编器和反汇编器的使用方法。

汇编语言是一种以处理器指令系统为基础的低级语言，采用助记符表达指令操作码，采用标识符表示指令操作数。作为一门语言，对应于高级语言的编译器，需要一个"汇编器"来把汇编语言源文件汇编成机器可执行的代码。

汇编器是将汇编语言翻译为机器语言的程序。一般而言，汇编生成的是目标代码，需要经链接器生成可执行代码才可以执行。反汇编器是一种工具程序，可以将机器代码转换为目标处理器专用的汇编代码或汇编指令。将机器代码转换为汇编代码的过程称为反汇编，就操作而言，反汇编就是汇编/交叉汇编的逆过程。

9.2.1 工作过程

汇编器的主要功能是将人类可读的汇编语言代码转换为计算机可执行的机器码。这使得程序员可以使用更加直观和易于理解的汇编语言来编写程序，而不需要直接操作底层的机器码。在嵌入式系统开发中，汇编器通常用于编写底层的驱动程序、操作系统内核和硬件相关的代码，因为这些代码需要直接操作硬件，而汇编语言可以提供更好的控制和性能优化。下面将简单介绍汇编器的工作流程：

1）词法分析：汇编器首先对输入的汇编语言代码进行词法分析，将代码分解为词法单元（token，也称标记），如指令、寄存器名、常数等。

2）语法分析：接下来进行语法分析，汇编器根据语法规则检查词法单元的排列，以确保代码的结构和语法是正确的。如果发现语法错误，汇编器会生成相应的错误信息。

3）符号解析：在这一步，汇编器会解析代码中的符号，如标签、变量名等，并将它映射到相应的内存地址或寄存器。

4）生成目标代码：一旦词法、语法和符号解析都完成，汇编器将根据指令集架构和目标平台生成对应的机器码，即目标代码。

5）生成目标文件：最后，汇编器将生成的目标代码写入目标文件中，可以是二进制可执行文件、目标文件或者其他格式，以供链接器使用。

反汇编器的主要功能是将机器码转换为可读的汇编语言代码。这使得程序员可以分析和理解已编译的程序，进行调试和逆向工程。反汇编器在逆向工程中扮演着重要的角色，它可以帮助安全研究人员、漏洞研究人员和黑客分析已编译的程序，发现潜在的漏洞、安全隐患或者进行修改和定制。在调试过程中，反汇编器可以将目标文件中的机器码转换为汇编语言代码，帮助程序员理解程序的行为和执行流程，从而更好地进行调试和修复存在的 bug。下面将简单介绍反汇编器的工作流程：

1）读取目标文件：反汇编器首先读取目标文件，可以是二进制可执行文件、目标文件或其他格式的文件。

2）解析机器码：反汇编器对机器码进行解码，将它转换成对应的汇编语言指令。

3）符号解析：类似汇编器的符号解析，如果目标文件中包含符号表信息，反汇编器则会解析其中的符号信息，将指令中的偏移量和绝对地址转换成对应的标签、变量名等。

4）生成汇编语言代码：在解析和解码完成后，反汇编器将生成对应的汇编语言代码，这些代码可以是原始的汇编语言指令或者伪指令。

5）输出汇编文件：最后，反汇编器将生成的汇编语言代码写入输出文件中，以供程序员查看或编辑。

9.2.2 使用方法

1. 汇编器

命令及常用参数如下：

```
llvm-mc < 汇编文件 > -triple=riscv32 -mattr=+xsc,m,f -filetype=obj -o < 目标文件
    路径 >
```

其中各个参数的功能如下：

- -triple：指定要汇编的目标平台，此处指定为"riscv32"，32 位的 risc-v。
- -mattr：指定目标平台的特性，"+xsc，m，f"指定使用 SpringCore 特性 xsc、乘法指令集、浮点数指令集。
- -filetype：指定输出文件类型，此处"obj"表示生成目标代码文件。其他选项还有"asm"（生成 .s 文件）、null（不输出，用于计时）。

2. 反汇编器

命令及常用参数如下：

```
llvm-objdump -d --triple=riscv32 --mattr=+xsc < 目标代码文件 > > < 输出文件 >
```

其中各个参数的功能如下：

- -d：表示反汇编。
- -triple：指定要操作的目标平台，此处指定为"riscv32"，32 位的 risc-v。
- -mattr：指定目标平台的特性，"+xsc，m，f"指定使用 SpringCore 特性 xsc、乘法指令集、浮点数指令集。
- < 目标代码文件 >：要被反汇编的文件路径。
- < 输出文件 >：保存反汇编信息的文件。

9.3 链接器

链接器的主要功能是将多个目标文件合并生成可加载、可执行的目标文件。符号表解析和重定位是链接器的核心内容。链接器按照链接脚本的描述，将不同的节合并到不同的段中，并放入不同的地址空间。静态链接库实际上是一个目标文件的集合，可以看

作是包含多个目标文件的压缩文件。要创建可执行文件，链接器需要把目标文件中符号的定义和引用联系起来，即完成符号解析工作，还需要将符号定义和内存地址对应起来，并修改所有对符号的引用，即完成重定位工作。

9.3.1 链接器的选择

虽然 LLVM 中包含了链接器 lld，但 LLVM 15.0 中的 lld 还不够完善，因此选用 GNU 工具链中的链接器 ld。LLVM 本身支持对 GNU 链接器的调用，在使用 LLVM 时，通过参数"-sysroot"指定 GNU 工具链中 binutils 的路径。

9.3.2 链接器松弛

链接器松弛（linker relaxation）是一种链接器优化技术，它可以在链接时多次扫描代码，尽可能将通过多条指令实现的绝对地址访问转为单条指令的偏移量访问。这种技术可以减少代码大小并提高代码执行速度。

在 RISC-V 中，不支持单条指令指定一个 32 位地址，通常需要使用 LUI 和 AUIPC 两条指令才能实现对一个 32 位地址的访问操作。假设有一个固定地址，存放在一个固定的寄存器中，在链接阶段，计算出目标地址和这个固定地址的偏移量，后面按照这个偏移量去访问目标地址，这样就可以通过一条指令实现对目标地址的访问，这个技术即为链接器松弛。RISC-V 的地址访问指令对偏移量大小会有限制，因为在指令编码中用 12 位来存储偏移量，其中最高位是符号位，故使用链接器松弛只能访问固定位置前后各 2KB 的地址空间。

链接器使用全局指针 gp 来比较全局变量的地址，如果在范围内，就替换掉 LUI 或 AUIPC 指令的"absolute/pc-relative"寻址，变为"gp-relative"寻址，将访存指令由两条减少到一条。如果不想使用链接器松弛技术，可以通过"-Wl,--no-relax"命令参数来关闭此功能。

下面举例比较使用链接器松弛前后效果。假设要访问地址 0x10000100，当前 gp 指针指向地址 0x10000800。

使用链接器松弛前：

```
lui    a6,0x10000   /* 将 0x10000 左移 12 位赋给 a6 寄存器，a6 寄存器值为 0x10000000*/
```

```
lw    a5,256(a6)    /* 加载 a6 + 256（0x10000100 + 0x100 = 0x10000100）地址处数据至
                       a5 寄存器 */
```

使用链接器松弛后：

```
lw    a5,-1792(gp)    /* 加载（gp - 1792）地址处的值至 a5，即 0x10000100 处的值 */
```

9.3.3 栈的增长方向

在 RISC-V 架构中，栈通常从高地址向低地址增长。这意味着每当函数被调用时，栈指针将会向下移动，以便为被调用函数中的参数和局部变量分配空间，表现出新的栈帧地址低于旧栈帧地址的特性。当函数返回时，栈指针将会恢复到之前分配的位置。

例如，当执行以下代码时：

```
int foo(int a, int b) {
    int c = a + b;
    return c;
}
```

编译器将为函数 foo 分配空间，它将首先为参数 a 和 b 分配空间，然后将计算 c 并将其存储在栈上。最后，它将从栈中收回为函数 foo 分配的空间并返回结果。

在 RISC-V 中，栈指针由寄存器 sp（栈指针）来管理。函数调用时，将会减小 sp 的值以分配新的空间，而在函数返回时，将会增加 sp 的值以释放分配的空间。可见在 RISC-V 中，栈的增长方向是从高地址向低地址。

9.4 模拟器

模拟器是一种用于模拟硬件行为的计算机软件程序，它的用途是仿真处理器行为，为处理器设计、验证人员以及用户提供指令功能模拟以及性能信息。模拟器提供指令集功能模拟以及周期精确模拟，指令功能模拟是指模拟器根据指令集架构的定义通过软件代码的方式将指令所定义的功能进行描述，为处理器设计、验证人员以及用户的使用提供指令行为的标准，周期精确模拟是指通过诸如事件驱动模型等方法将处理器的运行动作、状态进行模拟，模拟器的行为与实际硬件保持一致，为体系结构设计者与用户提供精确到周期的性能统计参考。SpringCore 的模拟器是基于 gem5 框架开发，支持

32 位 RISC-V 架构 I、M、F、C 扩展，以及针对应用场景开发的 E 扩展指令集的功能模拟。此外，SpringCore 模拟器提供部分性能统计，为体系结构、微体系结构的探索提供支持。

9.4.1 模拟器软件架构

gem5 是主要用于计算机系统的事件驱动的模拟仿真框架，核心代码基于 C/C++ 开发，采用 Python 进行封装作为用户接口。gem5 的组织架构主要分为指令、CPU 模型、运行模型、存储层次四个方面，各个方面相对独立，提供了灵活的仿真配置。

指令方面，gem5 提供了多种经典指令集架构的指令的支持，例如 Alpha、ARM、MIPS、x86、RISC-V 等。gem5 通过简单的专用语言模板对指令的行为进行描述，通过 ISA 解析工具转换为 C/C++ 代码集成到仿真环境中。采用 ISA 模板生成的方式，为指令的扩展提供了方便，降低了开发人员的时间成本。

gem5 中支持四类 CPU 模型，分别为 SimpleCPU（简单 CPU），O3CPU（乱序 CPU），TraceCPU（跟踪 CPU）以及 MinorCPU（微小 CPU），四者区别如表 9-1 所示。SimpleCPU 不关心 CPU 的具体执行过程，不对周期进行建模，但关注执行环境的具体状态以及执行结果的正确性，适用于简单的功能模拟仿真场景。O3CPU 用于建模乱序执行的仿真。与 O3CPU 对应，MinorCPU 用于建模顺序执行的仿真，二者不仅关注执行的正确性，而且关注 CPU 流水线执行细节，可对 CPU 具体周期的行为进行建模，用于周期精确的仿真场景。TraceCPU 对 O3 模型的访存历史进行追踪，相较于 O3CPU 而言更关注 CPU 仿真速度和 CPU 与存储模块的交互，用于存储系统快速的性能探索，获得较准确且快速的仿真结果。通过该 4 种 CPU 模型，gem5 涵盖了几乎所有仿真场景，提供了灵活的建模方式。

表 9-1　CPU 运行模型

CPU 运行模型	描述	应用场景
SimpleCPU	顺序执行模型	进行纯功能性仿真，不关注流水线执行细节
O3CPU	乱序执行模型	针对乱序流水线，报告内容详尽，但运行较慢
TraceCPU	回放 O3 模型的弹性追踪历史	用于存储系统快速的性能探索，获得较准确且快速的仿真结果
MinorCPU	顺序执行模型	用于顺序流水线仿真

gem5 提供完整系统模式（Full System mode，FS）和系统调用模拟模式（Syscall Emulation mode，SE），完整系统模式是模拟带有设备和操作系统的完整系统，而系统调用模式仅运行用户空间程序，由模拟器直接提供系统服务。CPU 的执行是通过维护线程环境和执行环境两种环境进行的。线程环境是 CPU 线程运行状态的抽象，它提供了线程运行环境中寄存器值、内核统计信息等可能需求状态的接口。执行环境是 CPU 对 ISA 访问接口的抽象，它提供了诸如指令操作数、体系结构相关寄存器、存储访问、分支预测等与体系结构相关的状态信息。

存储系统方面，gem5 一方面提供了基础的 cache 与交叉互联的数据结构来构建存储系统，满足带有 cache 的系统进行基本建模的需求。另一方面，为了支持 cache 一致性协议的仿真建模，引入了专用于 cache 仿真的 Ruby 模拟器，同时提供了基础 cache 和 Ruby 模拟器的交互接口。

gem5 最大的优势在于全面性与灵活性。gem5 涉及指令、CPU 模型、运行模型、存储层次四方面，每个方面提供多种配置方案，基本涵盖操作系统、cache、微结构及流水线设计、指令功能等计算机体系结构的各个方面。另一方面，gem5 的架构按上述四个模块分别进行组织，分模块设计的组织结构为模拟器设计带来灵活性，每个模块遵守一定的交互标准即可自行独立进行开发，因此可以轻松地重新排列、参数化、扩展或替换，甚至可以使用开源的预制组件来构建相应的模拟系统，这为计算机系统的模拟仿真建模提供了便利性。

9.4.2 模拟器定制开发

SpringCore 的模拟器为标准的 32 位 RISC-V 架构 I、M、F、C 扩展提供功能模拟，并为 DSP 应用场景增加的扩展指令提供模拟。SpringCore 模拟器在 ISA 定义中适配了 DSP 领域扩展指令的实现。借助 ISA 解析工具，将 32 位指令与 DSP 扩展指令生成相关的 C/C++ 代码，供 CPU 模型进行调用。

SpringCore 模拟器除了功能仿真的扩展开发外，还增加了部分性能统计功能。主要统计为指令数、类别的指令数、访存次数、条件跳转统计等，这得益于 SpringCore 模拟器的指令计数功能。指令计数在各 CPU 模型的执行环境中进行管理，当 CPU 运行模型对指令进行解码时，将会对指令数、各类别的指令进行统计。针对条件跳转情况，执行环境将会记录条件跳转的跳转选择，供体系结构工程师进行探索。针对访存，一方面对访存的次数进行了监控，有助于体系结构工程师判定访存热点；另一方面，支持访存监控功能，提供了寄存器序列功能、存储导出等一系列功能。寄存器序列功能是指 CPU 模型对结构寄存器、特权寄存器进行写操作，CPU 的执行环境将依次记录寄存器的值，并在仿真结束后，将各寄存器写序列利用序列化软件导出，供验证人员使用。存储导出功能，在感兴趣的特定存储区域开始、结束位置设定汇编标签，在每次导出结果时将写入特定存储地址，以备后续查阅。

9.5 调试器

本节主要介绍调试器在开发流程中的作用，并介绍基于 GDB（GNU Project Debugger）和 OpenOCD（Open On-Chip Debugger）的调试器方案，以及 GDB 和 OpenOCD 各自的功能与接口。

9.5.1 调试器方案概述

调试器或者调试工具是一种用于测试和调试其他程序（"目标"程序）的计算机程序。调试器的主要用途是在可控制的条件下运行目标程序，以便程序员识别和修复软件程序中的错误或故障。典型的调试功能包括能够在特定断点运行或停止目标程序，显示寄存器或内存的内容，并修改寄存器或内存中的内容以输入选择的测试数据，这些测试数据有助于发现导致错误程序执行的原因。通过使用调试器，程序员可以更快地找到并修复软件程序中出现的问题，从而提高软件的质量和稳定性。SpringCore 调试器采用了 GDB 与 OpenOCD 的方案。

调试器结构如图 9-6 所示，用户通过 UI 界面或命令行操作 GDB，发出调试相关指令，GDB 与 OpenOCD 通过套接字（socket）进行通信，OpenOCD 实现了 GDB 服务器，可以接收 GDB 客户端连接并解析和发送符合 GDB 远程协议的数据包。OpenOCD 通过调试适配器（Adapter，如 J-Link）建立与开发板的连接，解析 GDB 的命令并发送相应的指令序列到开发板。

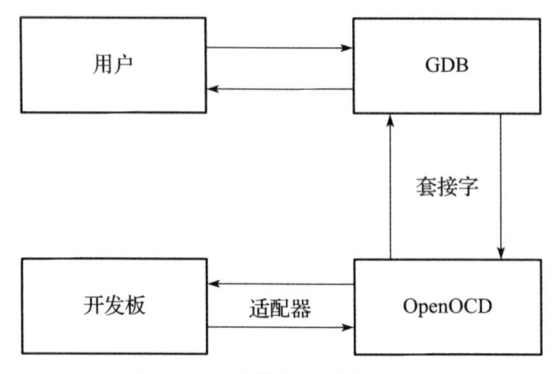

图 9-6 调试器组织结构示意图

9.5.2 GDB 介绍

GDB 作为一个功能强大的调试工具，其主要目的是能够让用户在程序运行时观察程序内部的执行情况和硬件的状态信息，GDB 主要的功能包括以下 4 点：

1）启动程序，并指定可能影响程序行为的参数。

2）让程序在特定的条件下停止。

3）当程序停止时，检查当前的状态信息。

4）更改程序中的内容，从而尝试解决遇到的问题。

GDB 既可以调试本地程序，又可以通过客户端 – 服务端的通信方式远程调试其他目标平台上运行的程序。在 SpringCore 调试方案中，通过 GDB 连接 OpenOCD 最终实现使用 GDB 调试 SpringCore 上的程序。GDB 是用户与 OpenOCD 之间的接口。在 OpenOCD 连接到开发板后，会在特定端口等待 GDB 连接，GDB 端通过命令连接至 OpenOCD，即可最终建立用户到开发板的连接。用户通过 GDB 命令行或其他集成了 GDB 的图形化界面调试工具输入调试指令，GDB 解析后发送符合 GDB 远程协议的指令到 OpenOCD，由 OpenOCD 完成后续转换工作，最终实现了用户对 SpringCore 的调试功能。开发者可根据需要对 GDB 进行修改，如实现新增指令的反汇编功能，添加新的寄存器等。

9.5.3 OpenOCD 介绍

OpenOCD 旨在为嵌入式目标设备提供调试、系统内编程和边界扫描测试。它是在调试适配器的帮助下完成的，调试适配器是一个小型硬件模块，其作用是为被调试的目标提供正确的控制信号。OpenOCD 是 GDB 与开发板之间的接口，启动后，会作为 GDB 服务端在特定端口等待 GDB 链接，并接收 GDB 发来的调试命令。OpenOCD 会将 GDB 发送来的调试命令转化为一系列用于硬件调试的电平信号，经过适配器发送给开发板，并接收开发板调试返回的包含硬件状态信息的信号，在其处理转换后返回给 GDB。

OpenOCD 的启动需要借助配置文件，不同的配置文件包含不同信息。通常，适配器的配置文件指定调试所使用的适配器的型号与传输速率等信息，开发板的配置文件指明要调试的开发板上的芯片型号，内存空间分布等信息。OpenOCD 的配置脚本语法是 TCL 的一个子集，OpenOCD 集成了一个 C 语言编写的 TCL 的解释器。在配置文件中，可以根据需要，通过 TCL 代码对 OpenOCD 启动后的初始化流程做进一步定制。OpenOCD 作为一个开源工具项目，使得开发者不仅可以在配置脚本中对 OpenOCD 启动过程做定制，还可以通过修改 OpenOCD 代码实现期望的扩展功能。

9.6 集成开发环境

本节将讨论集成开发环境（Integrated Development Environment，IDE）开发相关的内容。对于处理器芯片而言，一个配套 IDE 的重要性不言而喻。首先，一个优秀的 IDE 可以提高开发效率和代码质量，帮助工程师及早发现代码开发中的问题。其次，IDE 可以集成工具链，提供比命令行更友好的交互方式来帮助用户进行编译调试等工作。

SpringCore 项目基于 Eclipse 框架进行 IDE 的开发。如图 9-7 所示，IDE 包含工程模块、编译模块、调试模块，不同模块间彼此协作，提高开发效率。其中，工程模块主要包括工程的创建与管理维护，用户通过在图形界面上的操作配置工程信息，IDE 根据用户配置自动创建工程、生成模板并进行后续对工程的管理维护。编译模块集成了编译、链接工具链，用户通过图形界面对编译链与编译选项进行配置，IDE 根据用户配置调用编译工具执行编译命令。调试模块集成了调试器工具，提供通过仿真器连接开发板的调试工具。用户通过 IDE 界面进行调试操作，后台经过 GDB 与 OpenOCD 通过仿真器连接开发，以用于编译生成的可执行文件的运行调试，IDE 提供基于图形化的调试操作按钮与多种调试视图，简化了用户调试操作，提高了生产效率。

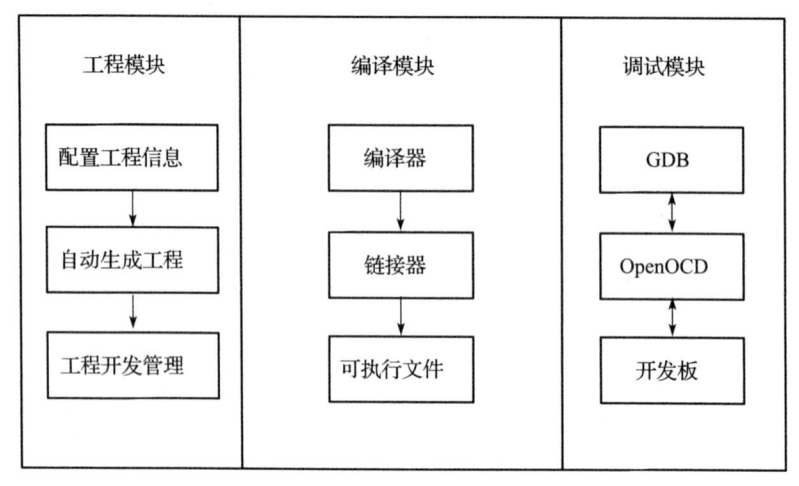

图 9-7 IDE 整体架构示意图

9.6.1 软件框架与插件开发

Eclipse 是一个开源的集成开发环境（IDE），可用于多种编程语言，例如 Java、C++ 和 Python 等。Eclipse 的核心框架提供了一个插件化架构，使得开发者可以方便地扩展和定制 IDE 的功能。除了实时运行内核，Eclipse 内的所有功能都以插件的形式附加在 Eclipse 核心之上。

在 Eclipse 插件开发中，插件被视为基本单位，每个插件都有相应的标识符和版本号，并且可以包含多个扩展点和扩展。扩展点是指由插件定义的可扩展区域，而扩展则是对扩展点的实现。通过定义扩展和扩展点，插件之间可以相互协作，实现更强大的功能。

对于嵌入式应用程序，通常使用 C 语言和对应架构平台的汇编语言。对于这种场景，Eclipse CDT（C/C++ Development Tool）项目提供了全功能的 C 和 C++ 集成开发环境。其特点包括：支持创建项目和管理不同工具链、标准 make 构建、源代码导航、各种源代码知识工具（如类型层次结构、调用图、包含文件浏览器、宏定义浏览器、带有语法高亮、折叠和超链接导航的代码编辑器）、源代码重构和代码生成、基于 GDB 的可视化调试工具（包括内存、寄存器和反汇编查看器）。同时，CDT 也提供了各项功能的 API 接口，方便用户根据需求扩展功能。

如果需要添加自定义的图形界面元素，需要使用 SWT（Standard Widget Toolkit）与

JFace 相关插件。SWT 是一个基于 Java 的用户界面库，用于开发桌面应用程序，它提供了许多标准小部件，例如按钮和文本字段，以及创建自定义小部件的选项。JFace 是一个带有处理许多常见 UI 编程任务的类的 UI 工具包，并且旨在与 SWT 配合使用而不隐藏它，JFace 包括图像和字体注册表、对话框、首选项和向导框架以及用于长时间运行操作的进度报告等通常的 UI 工具包组件。

9.6.2　工程创建与管理

本节主要讨论通过扩展 Eclipse 支持创建工程，其主要功能包括实现用户在 File 菜单下可以找到创建工程功能，通过向导引导用户创建工程，自动创建工程模板并交给 Eclipse 管理等。

通过 org.eclipse.ui.newWizards 扩展点实现添加自定义的工程向导，参考以下内容配置扩展点。其中，id 为本扩展点的唯一标识，finalPerspective 指定该向导作用的透视图，class 指定该向导关联的 Java 类，此类需要实现 org.eclipse.ui.INewWizard 接口。

```
<wizard
    class="tutorial.myProject.ui.CreateProjectWizard"
    finalPerspective="org.eclipse.cdt.ui.CPerspective"
    category="org.eclipse.cdt.ui.newCWizards"
    id="tutorial.myProject.createProjectWizard"
    project="true"
    icon="icons/logo.png"
    name="My Project">
</wizard>
```

9.6.3　工具链集成与配置

IDE 会根据用户配置调用工具链，将工程源文件编译为目标平台的可执行文件。编译过程主要分为两步。首先，IDE 根据用户的编译配置自动生成 Makefile，随后执行 make all 命令对目标文件进行构建。构建过程分为编译与链接两步。在编译阶段中，IDE 会调用工具链将源文件转换为目标文件。在链接阶段，IDE 会调用链接器，将编译阶段生成的多个目标文件与外部类库链接，最终合并为一个二进制文件，该文件可以被目标平台加载执行。至此，编译过程完成。

为了实现 IDE 对自定义的工具链的集成与参数配置功能的支持，需要通过扩展 CDT 的 ManagedBuilder 扩展点实现，核心扩展点为 managedbuilder.core.buildDefinitions。该扩展点层次结构由顶至下分别为 projectType（工程类型），configuration（配置），toolchain（工具链），tool（工具），option（选项）。projectType 主要配置项编译目标的类型，通常包括可执行文件、静态类库、动态类库等。configuration 负责配置编译的配置类型，通常包括 Debug（调试）与 Release（发布）两种配置方案。toolchain 为工具链的定义，包含一个至多个工具，按照上述的编译过程，这里 toolchain 会包含编译器与链接器两个工具。在 tool 中对每个工具进行具体的配置，包括配置编译工具文件，工具所需要的输入输出文件格式，编译命令格式，编译选项等。在 option 级别，需要对每个编译选项进行配置，如选项类型，默认值，对用户输出的处理等。在经过以上配置且用户通过界面配置编译链后，IDE 便会根据配置生成 Makefile，执行构建过程。

9.6.4 调试方案

本节将讨论如何将 9.5 节中所述的调试工具集成至 IDE 中，相比于使用命令行进行调试，IDE 可以提供对用户更友好的调试界面，提高嵌入式开发人员的开发效率和代码质量。

首先需要一个调试配置，用来指明如何启动整个调试流程，通过扩展点 org.eclipse.debug.core.LaunchConfigurationTypes 来进行定义。该扩展点可以参考如下配置，delegate 指定关联的 Java 类，继承自 GdbLaunchDelegate，在其中指定启动的调试的启动过程。在调试启动过程中需要初始化 Eclipse 的一系列调试相关服务，同时还需要在后台启动 OpenOCD 的进程。用户在 Eclipse 中时，界面上的操作会通过 Eclipse 的服务传递给 GDB，GDB 通过 socket 通信将命令进一步下发给 OpenOCD。

```
<launchConfigurationType
    delegate="tutorial.myProject.myLaunching"
    id="tutorial.myProject.myLaunching"
    modes="debug,run"
    name="My debug configuration with GDB and OpenOCD">
</launchConfigurationType>
```

其次需要一个调试配置界面，方便用户在启动调试前配置一些相关参数信息，如 OpenOCD 启动时的命令选项与配置文件，GDB 与 OpenOCD 的通信端口，连接调试器后执行的板级初始化操作等。为了在用户点击 Debug Configuration 后能够展示提供的配置界面，需要使用 org.eclipse.debug.ui.launchConfigurationTabGroups 扩展点，对扩展点的配置可以参考如下内容，其中，type 指定本配置页面关联的调试配置。class 指定关联该配置界面对应的 Java 类，此类继承自 AbstractLaunchConfigurationTabGroup，通过 Java 代码具体描述配置界面上的信息，组织形式为多个 Tab 页面，每个页面包含一方面的配置内容。

```
<launchConfigurationTabGroup
    class="tutorial.myProject.ui.TabGroupOpenOCD"
    id="tutorial.myProject.myconfig.TabGroupOpenOCD"
    type="tutorial.myProject.myconfig">
</launchConfigurationTabGroup>
```

9.7　本章小结

本章介绍了 SpringCore 软件开发环境的组成，其中包括编译模块的编译器、汇编器、反汇编、链接器，开发调试模块的模拟器、调试器，以及将这些模块集成于一体的 IDE。在 9.1 节，介绍了编译器 LLVM 的工作流程，并详细描述了后端从中间代码到机器指令的转换过程，然后在 9.2 节和 9.3 节介绍了编译器和反汇编器的实现，以及链接器的相关技术。在 9.4 节，介绍了 gem5 的构成和基于 gem5 的 SpringCore 模拟器设计。在 9.5 节，介绍了调试器的选型，以及基于 OpenOCD 技术的 SpringCore 调试器实现。在 9.6 节，介绍了 Eclipse 框架和插件开发相关技术以及在 Eclipse 中集成编译链、模拟器、调试器的方法。

CHAPTER 10

第 10 章

基于 SpringCore 的 DSP 芯片

系统级芯片或片上系统（System on Chip，SoC）设计是将系统的大多数功能或组件集中实现在一个单一的芯片上。典型的 SoC 通常包括处理器内核、存储、总线、时钟源以及多种外设。SoC 设计可以实现更高的集成度、提高系统的性能，并减少功耗和成本。SoC 芯片提供了高度集成的解决方案，广泛应用在移动计算、嵌入式系统等领域。我们团队基于前几章所述的 SpringCore 内核进行 SoC 设计，面向高精度实时控制场景，集成了丰富的外设资源，研发出具有自主知识产权的 FDM320RV335 DSP 芯片。本章将介绍 FDM320RV335 DSP 芯片的主要特征、功能结构、实测性能以及原型板卡等内容。

10.1 FDM320RV335

FDM320RV335 DSP 芯片（见图 10-1）是一款 32 位 RISC-V 架构数字信号处理器，片上集成了 ADC、PWM、eCAP、SPI、I2C、CAN 等多种外设，为系统设计提供了高度的灵活性和丰富的功能选择。其工作频率为 150MHz，峰值性能达到 150MIPS，能够处理复杂的数字信号处理任务；由于其高性能和丰富的外设，可广泛应用于工业控制、电力电子、医疗设备等需要高性能数字信号处理的领域。

图 10-1　FDM320RV335 DSP 芯片实物图

FDM320RV335 DSP 芯片的主要技术特征如下：

❑ 高性能数字信号处理器技术
- 高达 150MHz（6.67ns 周期时间）
- 1.8V/1.9V 内核，3.3V I/O 设计

❑ 高性能 32 位内核
- 集成 SpringCore 内核
- IEEE 754-2008 单精度浮点单元（FPU），RNE、RTZ、RDN、RUP、RMM 舍入模式
- 16×16 和 32×32 乘累加运算（MAC），40 位的 MR（Multiply-accumulate Register）
- 16×16 双乘累加运算（MAC）
- 哈佛（Harvard）总线架构
- 快速中断响应和处理，增强实现 RISC-V 中断标准
- 统一存储器编程模型
- 高效代码（使用 C/C++ 和汇编语言）

❑ 6 通道 DMA 处理器（用于 ADC、McBSP、ePWM、XINTF 和 SARAM）

❑ 16 位或 32 位外部接口（XINTF）
- 超过 4M×8 地址范围

❑ 片载存储器
- 512KB 闪存，128KB SARAM

- 4KB 一次性可编程（OTP）ROM
- 引导 ROM（16KB）
  - 支持软件引导模式（通过 SCI、SPI、CAN、I2C、McBSP、XINTF 和并行 I/O）
  - 标准数学查找表
- 时钟和系统控制
  - 支持动态锁相环（PLL）比率变化
  - 片载振荡器
  - 安全装置定时器模块
- GPIO0 ~ GPIO63 引脚可以灵活连接到 8 个外部内核中断之一
- 可支持全部 58 个外设中断的外设中断扩展块
- 128 位安全密钥/锁
  - 保护闪存/OTP/RAM 模块
  - 防止固件逆向工程
- 增强型控制外设
  - 多达 18 个脉宽调制（PWM）输出
  - 高达 6 个支持 150ps 微边界定位（MEP）分辨率的高分辨率脉宽调制（HRPWM）输出
  - 高达 6 个事件捕捉输入
  - 2 个正交编码器接口
  - 高达 8 个 32 位定时器（6 个 eCAP 以及 2 个 eQEP）
  - 高达 9 个 32 位定时器（6 个 ePWM 以及 3 个 XINTCTR）
- 3 个 32 位 DSP 定时器
- 串行端口外设
  - 2 个控制器局域网（CAN）模块
  - 3 个 SCI（UART）模块
  - 2 个 McBSP 模块（可配置为 SPI）
  - 1 个 SPI 模块
  - 1 个内部集成电路（I2C）总线
- 12 位模数转换器（ADC），16 个通道
  - 80ns 转换率

- 2×8 通道输入复用器
- 2 个采样保持
- 单一 / 同步转换
- 内部或者外部基准
❑ 多达 88 个具有输入滤波功能、可单独编程的多路复用通用输入输出（GPIO）引脚
❑ 支持 RISC-V Debug 0.13.2 调试标准
❑ 高级仿真特性
- 分析和断点功能
- 借助硬件的实时调试
❑ 开发支持包括
- ANSI C/C++ 编译器 / 汇编语言 / 链接器
- 数字电机控制和数字电源软件库
❑ 低功耗模式和省电模式
- 支持 IDLE（空闲）、STANDBY（待机）、HALT（暂停）模式
- 可禁用独立外设时钟
❑ 字节存放顺序：小端模式
❑ 封装选项
- 无铅，绿色封装
- 塑料四方扁平 176 管脚（LQFP176）封装
❑ 工作温度
- −40 ～ 125℃

10.2　功能结构

FDM320RV335 芯片由 DSP 子系统、存储和外设等部分组成，如图 10-2 所示。其中，DSP 子系统包括 32 位 RISC-V 架构处理器内核 SpringCore、独立的内部指令存储（PMEM）和数据存储（DMEM）、定时器（Timer）、中断控制器（CLIC）和调试单元（Debug Module）等，存储包括 Flash、OTP、Boot ROM 等，外设包括 DMA、ADC、eCAN、eCAP、ePWM 等多种组件。FDM320RV335 芯片内部的所有组件均挂载在系统总线上，其中主设备包括 DSP 子系统和 DMA，其他组件均属于从设备。

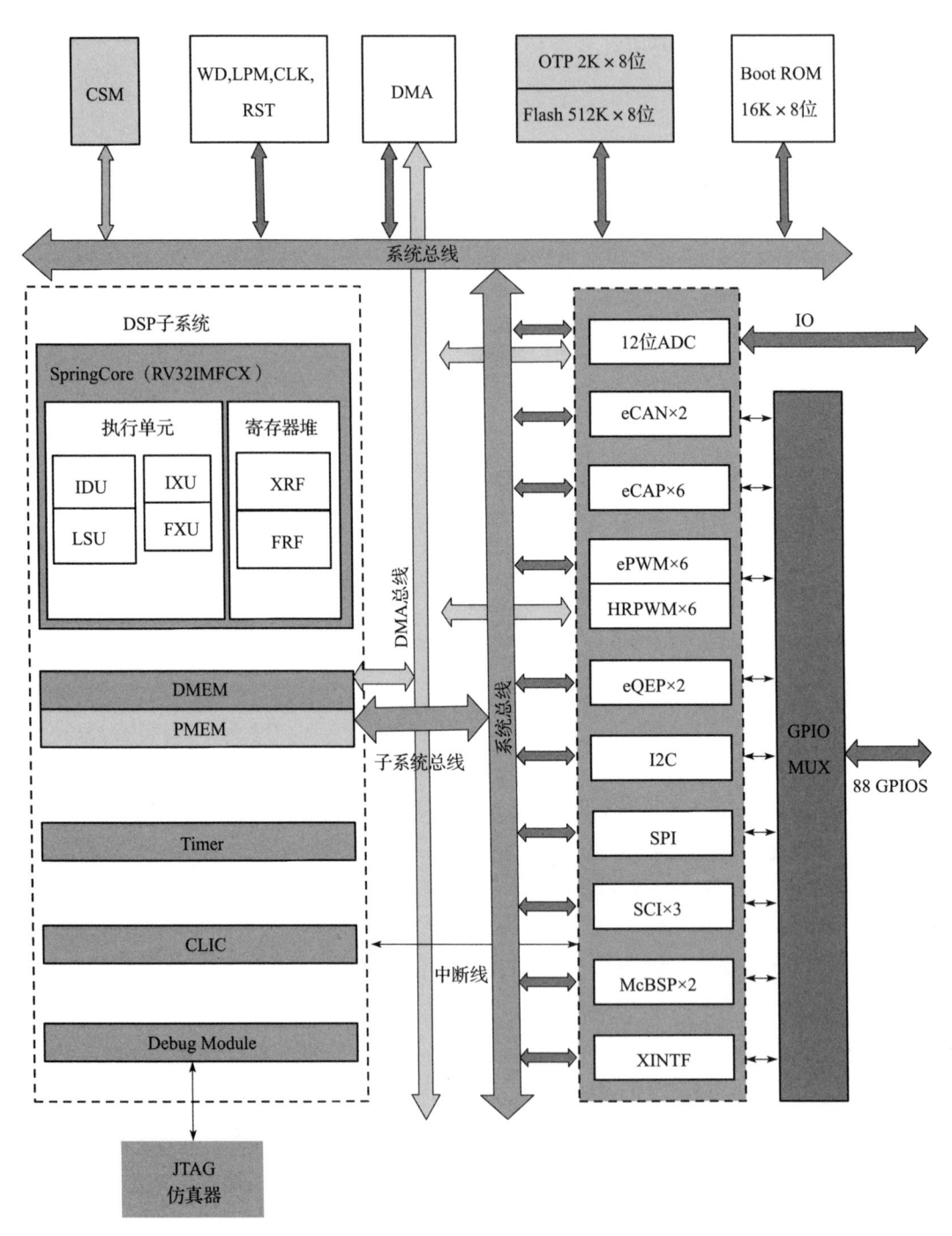

图 10-2 FDM320RV335 功能结构图

FDM320RV335 芯片采用存储器与外设寄存器统一编址的方式，将部分存储器地址范围用于外设寄存器，DSP 内核可以通过相应的地址访问外设寄存器。当 DSP 内核发起总线访问时，DSP 子系统内部总线首先对访问地址进行判定：如果访问地址属于 DSP 子系统内部地址范围，则在 DSP 子系统内部完成总线访问；反之，内部总线将访问请求发送至系统总线，在系统总线的调度下完成对 DSP 子系统外部地址的访问。外设通过中断机制向 DSP 内核发送信号，使得 DSP 内核可以及时处理紧急的外设事件。多种外设事件可能同时发生。中断控制器（CLIC）通过中断优先级等参数实现对外部中断事件优先级的仲裁，从而使得 DSP 内核服务于最紧急的外设事件。DSP 内核可以通过总线访问和配置外设寄存器、处理接收到的外设数据、发送数据到外设或者执行其他特定操作。

DMA 用于在外设和存储之间或者存储和存储之间进行高速数据传输，无须 DSP 内核干预，从而使 DSP 内核可以不受干扰地执行其他任务。DMA 能够访问的从设备包括 DSP 子系统内部的数据存储单元、ADC 的结果寄存器、ePWM+HRPWM 的寄存器等。在 DMA 传输数据之前，首先需要配置源地址、目标地址、传输数据量等 DMA 传输参数，此时 DMA 作为从设备接受 DSP 内核对内部控制寄存器的配置，此后 DMA 工作时才作为主设备进行外设和存储之间或者存储和存储之间的数据传输。

10.3 引脚说明

图 10-3 是 FDM320RV335 芯片的引脚分配图。

芯片引脚连接了芯片内部电路与外围电路、器件，是系统电路设计人员需要了解的芯片基本信息。如图 10-3 所示，FDM320RV335 芯片左下方圆点附近为 1 号引脚，此后芯片的引脚号依次逆时针增长至 176 号。FDM320RV335 芯片的引脚主要有时钟引脚、复位引脚、电源引脚、用于 JTAG 测试的引脚、连接 Flash 的引脚、ADC 引脚、通用输入输出 GPIO 引脚、外设信号引脚等，具体引脚配置会根据其设计和用途而有所不同，关于芯片引脚的详细描述可查询 FDM320RV335 芯片的官方数据手册。

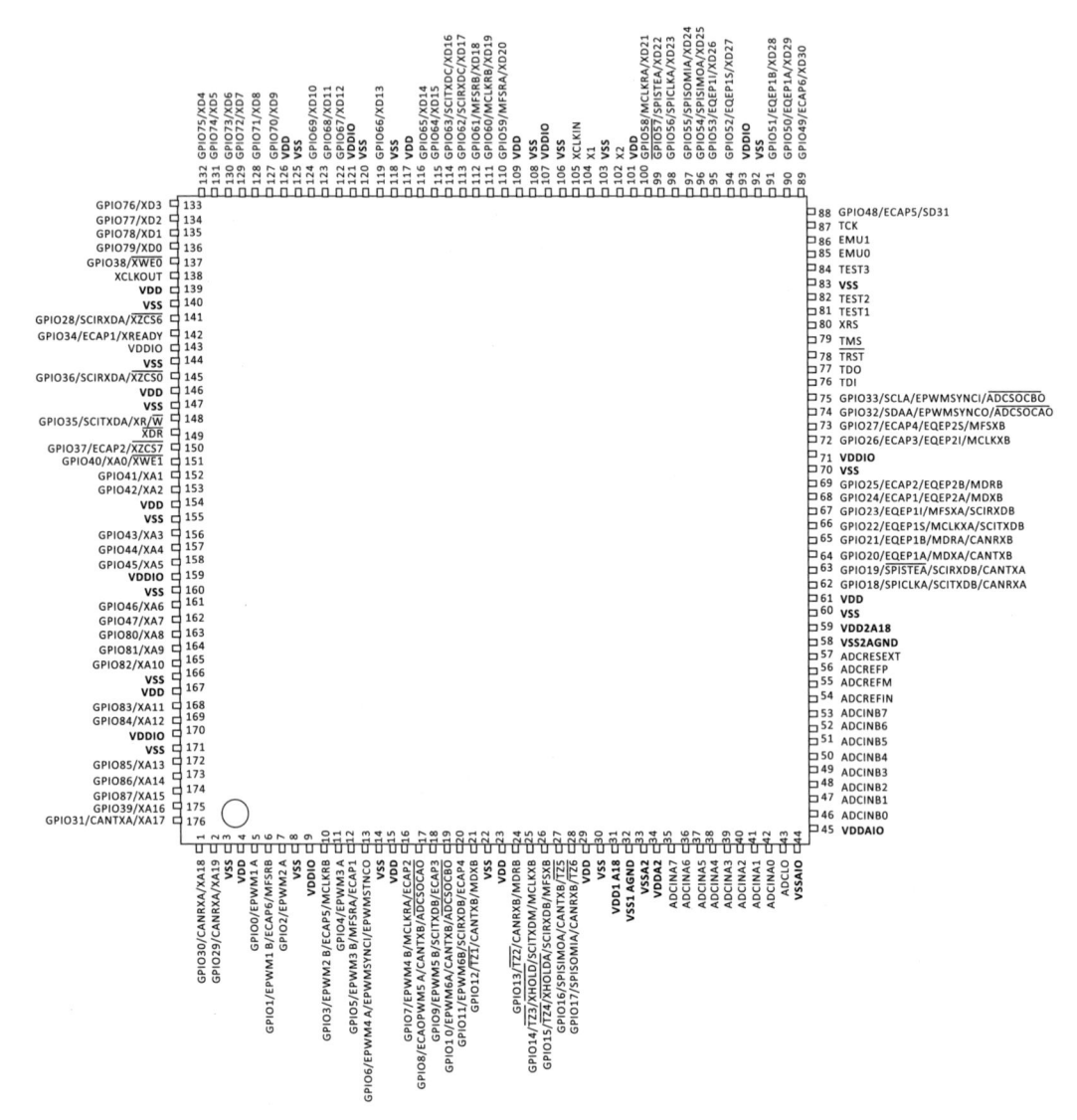

图 10-3　FDM320RV335 芯片引脚图

10.4　地址映射

如图 10-4 所示，FDM320RV335 芯片的地址空间是 0x00_0000 ～ 0x7F_FFFF，每个地址对应 8 位数据，对图中的保留区的访问为无效访问。FDM320RV335 提供了丰富的外设支持，例如 ADC、ePWM、CAN 等，这些外设具有存储映射的寄存器，可通过 LSU

及 SoC 总线对外设数据进行访问。同时，FDM320RV335 地址映射区域还包含了 Flash、Boot ROM、User OTP 和 FDM—OTP。

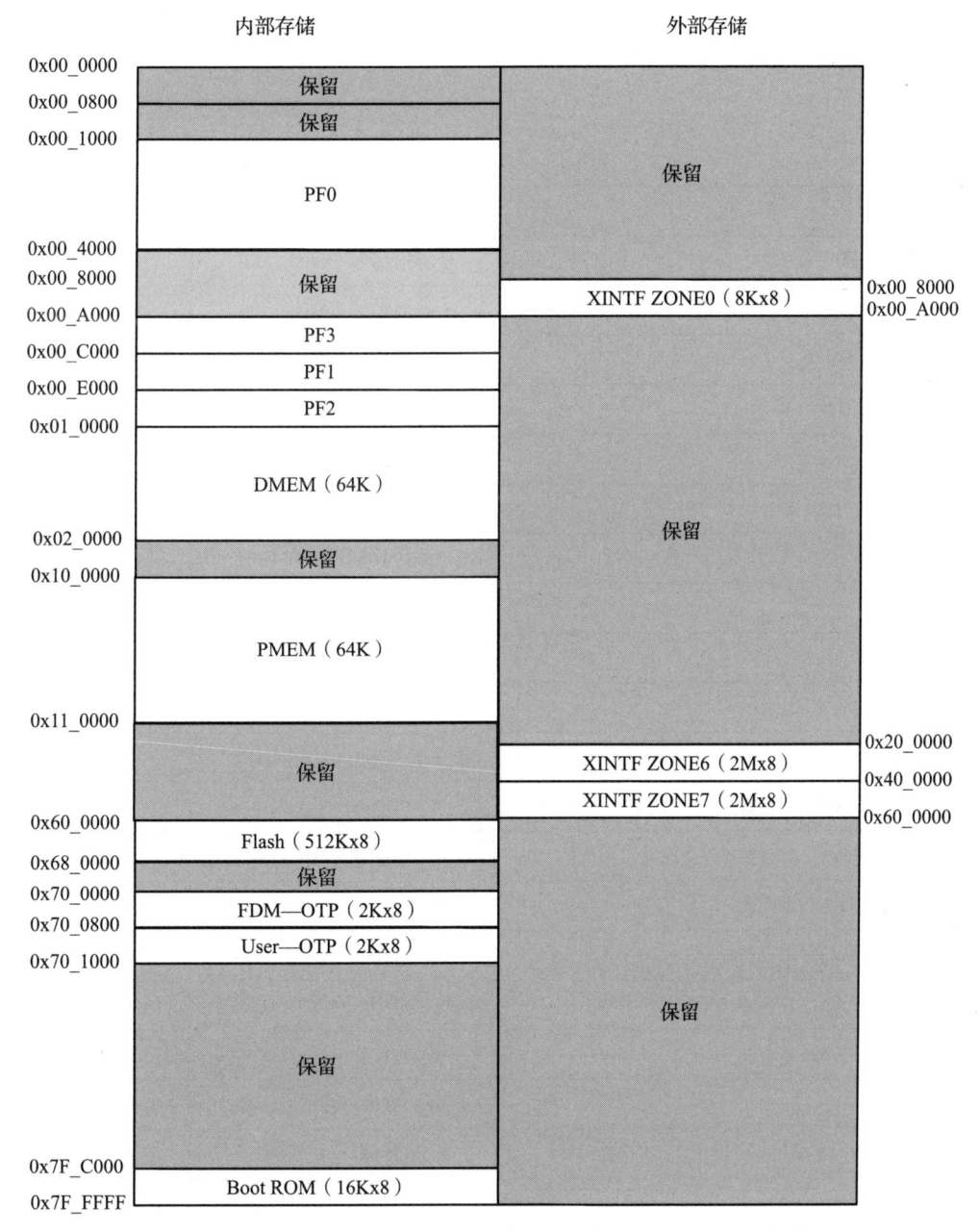

内部存储	外部存储
0x00_0000 保留	
0x00_0800 保留	
0x00_1000 PF0	保留
0x00_4000	
0x00_8000 保留	XINTF ZONE0（8Kx8） 0x00_8000
0x00_A000 PF3	0x00_A000
0x00_C000 PF1	
0x00_E000 PF2	
0x01_0000 DMEM（64K）	保留
0x02_0000 保留	
0x10_0000 PMEM（64K）	
0x11_0000 保留	XINTF ZONE6（2Mx8） 0x20_0000
	XINTF ZONE7（2Mx8） 0x40_0000
0x60_0000 Flash（512Kx8）	0x60_0000
0x68_0000 保留	
0x70_0000 FDM—OTP（2Kx8）	
0x70_0800 User—OTP（2Kx8）	
0x70_1000 保留	保留
0x7F_C000 Boot ROM（16Kx8）	
0x7F_FFFF	

图 10-4　寄存器映射

FDM320RV335 芯片将外设寄存器空间分为 4 个：直接映射到 SpringCore 内存总线的外设、映射到 32 位外设总线的外设、映射到 16 位外设总线的外设以及映射到 32 位的 DMA 可访问外设总线的外设。外设帧的内存映射仅限于数据内存，用户程序无法访问程序空间中的这些内存映射。详情请见表 10-1，外设帧 0 中的寄存器支持 16 位和 32 位访问。

表 10-1 外设帧寄存器

名称	地址范围	大小（字节）
器件仿真寄存器	0x00 1100 ~ 0x00 13FE	768
闪存寄存器	0x00 1500 ~ 0x00 15BE	192
代码安全模块寄存器	0x00 15C0 ~ 0x00 15DE	32
ADC 寄存器（双映射）	0x00 1600 ~ 0x00 161E	32
XINTF 寄存器	0x00 1640 ~ 0x00 167E	64
DSP 定时器 0、DSP 定时器 1、DSP 定时器 2 的寄存器	0x00 1800 ~ 0x00 1830	128
CLINT 寄存器	0x00 18C0 ~ 0x00 18EF	48
CLIC 寄存器	0x80 0000 ~ 0xA0 0FFF	2 101 248
DMA 寄存器	0x00 2000 ~ 0x00 23FE	1024
eCAN-A 寄存器	0x00 C000 ~ 0x00 C3FE	1024
eCAN-B 寄存器	0x00 C400 ~ 0x00 C7FE	1024
ePWM1 + HRPWM1 寄存器	0x00 D000 ~ 0x00 D07E	128
ePWM2 + HRPWM2 寄存器	0x00 D080 ~ 0x00 D0FE	128
ePWM3 + HRPWM3 寄存器	0x00 D100 ~ 0x00 D17E	128
ePWM4 + HRPWM4 寄存器	0x00 D180 ~ 0x00 D1FE	128
ePWM5 + HRPWM5 寄存器	0x00 D200 ~ 0x00 D27E	128
ePWM6 + HRPWM6 寄存器	0x00 D280 ~ 0x00 D2FE	128
eCAP1 寄存器	0x00 D400 ~ 0x00 D43E	64
eCAP2 寄存器	0x00 D440 ~ 0x00 D47E	64
eCAP3 寄存器	0x00 D480 ~ 0x00 D4BE	64

（续）

名称	地址范围	大小（字节）
eCAP4 寄存器	0x00 D4C0 ~ 0x00 D4FE	64
eCAP5 寄存器	0x00 D500 ~ 0x00 D53E	64
eCAP6 寄存器	0x00 D540 ~ 0x00 D57E	64
eQEP1 寄存器	0x00 D600 ~ 0x00 D67E	128
eQEP2 寄存器	0x00 D680 ~ 0x00 D6FE	128
GPIO 寄存器	0x00 DF00 ~ 0x00 DFFE	256
系统控制寄存器	0x00 E020 ~ 0x00 E05E	64
SPI-A 寄存器	0x00 E080 ~ 0x00 E090	32
SCI-A 寄存器	0x00 E0A0 ~ 0x00 E0BE	32
外部中断寄存器	0x00 E0E0 ~ 0x00 E0FE	16
ADC 寄存器	0x00 E200 ~ 0x00 E23E	64
SCI-B 寄存器	0x00 EEA0 ~ 0x00 EEBE	32
SCI-C 寄存器	0x00 EEE0 ~ 0x00 EEFE	32
I2C-A 寄存器	0x00 F200 ~ 0x00 F27E	128
McBSP-A 寄存器（DMA）	0xA000 ~ 0xA07E	128
McBSP-B 寄存器（DMA）	0xA080 ~ 0xA0FE	128

10.5　低功耗模式

FDM320RV335 芯片支持三种外设配置下的低功耗模式（Low Power Mode，LPM），分别是空闲模式（IDLE）、待机模式（STANDBY）和停机模式（HALT）。系统通过配置低功耗模式控制寄存器（LPMCR0）的指定数位，控制振荡器时钟（OSCCLK）、CPU 时钟（CLKIN）和任何来自 CPU 系统的外设时钟（SYSCLKOUT）的工作状态，从而使系统进入不同的工作模式。不同低功耗的运行状态如表 10-2 所示。

表 10-2　低功耗模式

模式	LPMCR0[1:0]	OSCCLK	CLKIN	SYSCLKOUT	退出
空闲	00	打开	打开	打开	$\overline{XRS}$、看门狗中断、启用的任何中断、NMI 中断
待机	01	打开	关闭	关闭	$\overline{XRS}$、看门狗中断、GPIO 端口 A 信号、NMI 中断
停机	1x	关闭	关闭	关闭	$\overline{XRS}$、GPIO 端口 A 信号、调试器、NMI 中断

在空闲模式下，所有外设时钟都保持运行。外部复位（External Reset，$\overline{XRS}$）信号、看门狗中断、启用的任何中断及不可屏蔽中断（Non-Maskable Interrupt，NMI）都可以将系统从空闲模式中唤醒。

在待机模式下，看门狗是唯一工作的外设，芯片上其他的外设都是关闭的。外部复位信号、看门狗中断、任一 GPIO 端口 A 信号、调试器及不可屏蔽中断可以将系统从待机模式中唤醒。

在停机模式下，芯片将停止内核和所有外设的活动，振荡器和锁相环电路关闭、看门狗不工作。外部复位信号、任一 GPIO 端口 A 信号、调试器及不可屏蔽中断可以将系统从停机模式中唤醒。

10.6　原型板卡

图 10-5 为 FDM320RV335 原型板卡，其上载有 FDM320RV335 DSP 芯片、时钟源、电源电路、JTAG 接口、连接引脚、CAN 通信模块、SPI 模块以及多组功能选择开关等资源。FDM320RV335 原型板卡提供了丰富的外设和接口，增强了板卡使用的灵活性，在实际的产品开发中可以根据应用的需求和复杂性进行扩展。它集成的 JTAG 调试接口，使得开发人员能够方便地进行软硬件调试和性能优化。该款原型板卡尽可能保持简单，同时提供了足够的功能，简化了嵌入式系统的开发过程，可以帮助工程师、学生和爱好者快速进行 RISC-V DSP 芯片的学习、原型设计和开发。

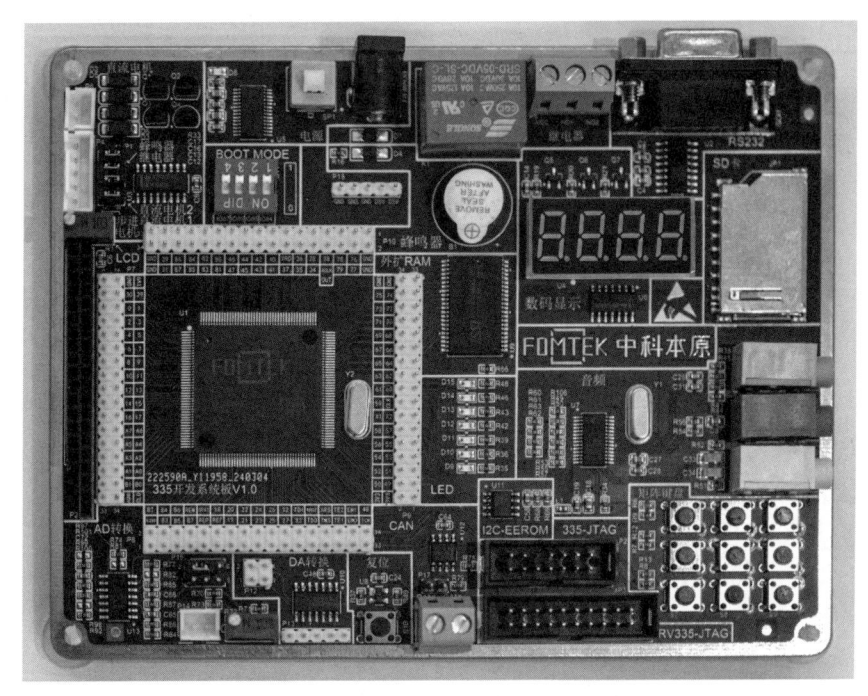

图 10-5　FDM320RV335 原型板卡示意图

10.7　芯片性能

FDM320RV335 芯片的工作频率为 150MHz，时钟周期为 6.67ns，常用 FFT 和滤波算法性能如表 10-3 所示。

表 10-3　常用 FFT 和滤波算法性能

算法名称	功能描述	参数	运行周期数	运行时间（μs）
CFFT_f32_brev	按位反序重新排列一个 N 点复数数据集。该算法按顺序读取 2^n 点复数数据样本，并按输入序号的位反序将其重新排序写入，以满足复数 FFT 的位反转要求	FFT_Size：128 单精度浮点	2263	15.09
CFFT_f32_mag	计算复数 FFT 的幅度谱。该算法将复数 FFT 结果中的每个频率分量（复数值）转换为对应频率分量的振幅值，以便获得信号在频域的幅度信息，并将结果存储在计算缓冲区或专用数组中	FFT_Size：128 单精度浮点	2154	14.36

（续）

算法名称	功能描述	参数	运行周期数	运行时间（μs）
CFFT_f32_phase	计算复数 FFT 的相位。该算法将复数 FFT 结果中的每个频率分量（复数值）转换为对应频率分量的相位信息，以便获得信号在频域上的相位特征，并将结果存储在计算缓冲区或专用数组中	FFT_Size：128 单精度浮点	10 476	69.84
CFFT_f32_sincostable	生成复数 FFT 的旋转因子。该算法将生成复数 FFT 的旋转因子，FFT 计算时可直接使用对应的参数，减少计算量，提高计算效率	FFT_Size：128 单精度浮点	16 404	109.41
CFFT_f32_unpack	将 N 点复数 FFT 的输出解包以获得 2N 点实数序列的 FFT。为了得到一个 N 点实数序列的 FFT，将输入视为一个 N/2 点复序列	FFT_Size：256 单精度浮点	3540	23.6
CFFT_f32	计算复数 FFT。该算法计算 N 个点（$N=2^n$，$n=5:10$）复数输入的 32 位浮点 FFT，其输入为经过位反序的复数序列，FFT 算法用于将时域信号转换为频域信号，来分析信号的频率	FFT_Size：128 单精度浮点	10 296	68.64
ICFFT_f32	计算逆变换复数 FFT。该算法计算 N 个点（$N=2^n$，$n=5:10$）复数输入的 32 位浮点逆变换 FFT，它使用正向 FFT 来实现，首先交换输入的实部和虚部，运行正向 FFT，然后交换输出的实部和虚部以获得最终结果	FFT_Size：512 单精度浮点	30 626	204.27
RFFT_f32_mag	计算实数 FFT 的幅度。该算法计算实数 FFT 输出的振幅信息，并将结果存储在计算缓冲区或专用数组中	FFT_Size：256 单精度浮点	4211	28.07
RFFT_f32_phase	计算实数 FFT 的相位。该算法计算实数 FFT 输出的相位信息，并将结果存储在计算缓冲区或专用数组中	FFT_Size：256 单精度浮点	20 431	136.27
RFFT_f32_win	用于 32 位实数 FFT 的窗口函数。该算法使用 FFT 模块的输入数据和窗口系数对计算缓冲区中的数据进行窗口处理	FFT_Size：256 单精度浮点	1062	7.08
RFFT_f32	计算实数 FFT。该算法计算 N 个点（$N=2^n$，$n=5:10$）实数输入的 32 位单精度浮点 FFT。在阶段 1、2 和 3 的计算中按位逆序重新排列输入，以乒乓方式使用两个缓冲区，即在每个 FFT 阶段之后，输出和输入缓冲区分别成为下一个阶段的输入和输出缓冲区	FFT_Size：256 单精度浮点	10 496	69.97

（续）

算法名称	功能描述	参数	运行周期数	运行时间（μs）
FIR_f32_calc	计算有限冲激响应滤波。该算法通过将输入信号与滤波器的冲激响应进行卷积来计算	FIR_Size：256 单精度浮点 Order：64	364	2.43
IIR_f32_calc	计算无限冲激响应滤波。该算法实现的是转置直接 II 型结构的 IIR 滤波器	IIR_Size：512 单精度浮点 Order：6 Biquads：3	142	0.95

10.8　本章小结

本章介绍了本团队基于 SpringCore 内核研发的 SoC 芯片 FDM320RV335 DSP，列出了 FDM320RV335 DSP 芯片的主要技术特征、内部的功能结构以及该型芯片在主流数字信号处理算法上的性能表现，并简要介绍了 FDM320RV335 原型板卡。FDM320RV335 DSP 芯片是一款性能优异的 32 位 RISC-V 架构数字信号处理器，面向高精度实时控制场景，适用于电机控制、变频电源、UPS 电源、光伏并网逆变器、储能变流器、通信、医疗等领域。

参考文献

[1] LAPSLEY P, BIER J, LEE E A, et al. DSP Processor Fundamentals: Architectures and Features [M]. Wiley-IEEE, 1997.

[2] Digital signal processor [EB/OL]. [2023-2-14]. https://en.wikipedia.org/wiki/Digital_signal_processor.

[3] WATERMAN A, ASANOVI'C K. The RISC-V Instruction Set Manual Volume I: Unprivileged ISA [EB/OL]. [2023-3-12]. https://github.com/riscv/riscv-isa-manual/releases.

[4] WATERMAN A, ASANOVI'C K, HAUSER J. The RISC-V Instruction Set Manual Volume II: Privileged Architecture [EB/OL]. [2023-4-26]. https://github.com/riscv/riscv-isa-manual/releases.

[5] HENNESSY J L, PATTERSON D A. Computer Architecture, Fifth Edition: A Quantitative Approach [M]. Morgan Kaufmann Publishers, 2011.

[6] MARLOW S. Parallel and concurrent programming in Haskell [M]. O'Reilly Media, 2013.

[7] PARHAMI B. Computer arithmetic: algorithms and hardware designs [M]. Oxford University Press, 1999.

[8] ERCEGOVAC M D, LANG T. Digital Arithmetic [M]. Morgan Kaufmann Publishers, 2003.

[9] IEEE Standard for Floating-Point Arithmetic [J/OL]. IEEE Std 754-2019, 2019, 1-84.

[10] QUINNELL E, SWARTZLANDER E E, LEMONDS C. Floating-Point Fused Multiply-Add Architectures: proceedings of the 2007 Conference Record of the Forty-First Asilomar Conference on Signals, Systems and Computers [C/OL]. 2007.

[11] JUN K, SWARTZLANDER E E. Modified non-restoring division algorithm with improved delay profile and error correction: proceedings of the 2012 Conference Record of the Forty Sixth Asilomar Conference on Signals, Systems and Computers [C/OL]. 2012.

[12] YAMIN L, WANMING C. Implementation of single precision floating point square root on FPGAs: proceedings of the Proceedings The 5th Annual IEEE Symposium on Field-Programmable Custom Computing Machines [C/OL]. 1997.

[13] Core-Local Interrupt Controller (CLIC) RISC-V Privileged Architecture Extensions [EB/OL].

［2023-5-13］. https://github.com/riscv/riscv-fast-interrupt/.

［14］ NEWSOME T, WACHS M. RISC-V External Debug Support［EB/OL］.（2021）. https://riscv.org/wp-content/uploads/2019/03/riscv-debug-release.pdf.

［15］ IEEE Standard for Test Access Port and Boundary-Scan Architecture［J/OL］. IEEE Std 11491-2013, 2013, 1-444.

［16］ KAI N. Learn LLVM 12: A beginner's guide to learning LLVM compiler tools and core libraries with C++［M］. Packt Publishing, 2021.

［17］ PANDEY M, SARDA S. LLVM Cookbook［M］. Packt Publishing, 2015.

［18］ SARDA S, PANDEY M. LLVM Essentials［M］. Packt Publishing, 2015.

［19］ LOWE-POWER J. gem5 Documentation［EB/OL］.https://www.gem5.org/documentation/.

［20］ STALLMAN R, PESCH R, SHEBS S. Debugging with GDB: The GNU Source-Level Debugger［EB/OL］.https://ftp.gnu.org/old-gnu/Manuals/gdb/html_node/gdb_toc.html.

［21］ Open On-Chip Debugger: OpenOCD User's Guide［EB/OL］.［2023-2-15］. https://openocd.org/doc/pdf/openocd.pdf.

［22］ Eclipse documentation［EB/OL］.［2023-6-21］. https://help.eclipse.org/latest/index.jsp.

［23］ Eclipse Tutorial Wiki［EB/OL］.［2023-7-1］. https://ecsoya.github.io/eclipse.tutorial/wiki/.

［24］ TMS320x2833x, TMS320x2823x Technical Reference Manual［EB/OL］.（2020）. https://www.ti.com/.

［25］ TMS320F2833x, TMS320F2823x Real-Time Microcontrollers datasheet［EB/OL］.（2022）. https://www.ti.com/.